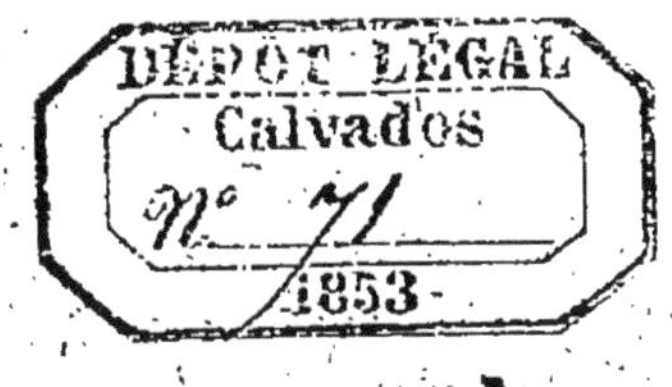

CONGRÈS

AGRICOLE ET INDUSTRIEL

DE L'ASSOCIATION NORMANDE.

SESSION DE 1852.

Caen,

Typ. de DELOS, successeur de H. Le Roy,
Cour de la Monnaie.

1852.

CONGRÈS

AGRICOLE ET INDUSTRIEL

de l'Association normande.

Cette session avait été préparée par MM. de Vigneral, inspecteur divisionnaire de l'Orne; Schnetz et d'Halaines, inspecteurs de l'arrondissement de Domfront; Toussaint, inspecteur du canton de Flers, avec un zèle et un dévoûment pour lesquels l'Association ne saurait trop les remercier.

Le programme portait : « Le Congrès de l'Association normande aura lieu, en 1852, dans la ville de Domfront (Orne);

» Le jeudi 17, ouverture de l'enquête industrielle à Flers; —visite de la salle d'exposition;—rapport du jury;—distribution des récompenses;

» Le vendredi 18, ouverture de l'enquête agricole à Domfront;

» Le samedi 19, visite à la ferme-école de Sault-Gauthier, et continuation de l'enquête agricole;

» Le dimanche 20, concours provincial de bestiaux à Domfront;—distribution solennelle des primes et séance de clôture. »

Journée du Jeudi 17 Juin, à Flers.

A huit heures et demie, MM. les membres de l'Association se rendirent à la salle de la mairie, où ils furent reçus par M. Foucault-Desnos, maire de Flers ; Schnetz, inspecteur de l'arrondissement de Domfront, et Toussaint, inspecteur du canton de Flers.

M. de CAUMONT, directeur de l'Association normande, invite M. Philippe SCHNETZ à présider l'enquête agricole. Il appelle au bureau : MM. le maire de Flers ; SCHNETZ, membre de l'Institut ; DENIS, membre du Conseil général des manufactures; de VIGNERAL, inspecteur divisionnaire de l'Orne ; de LAFERRIÈRE, inspecteur du canton d'Athis ; TOUSSAINT, inspecteur du canton de Flers; COQUART, de Vire; GUÉRARD-DESLAURIERS, membre du Conseil administratif; GUILET (Jules), de Condé-sur-Noireau, et MORIÈRE, secrétaire général.

Parmi les personnes qui assistent à la séance, on remarque : MM. MARIE, architecte à Flers ; COULOMBE, fabricant à *id.*; LE POIVRE, teinturier à *id.*; BARRÉ, propriétaire à *id.*; MASSON, juge de paix à St-Hilaire-de-Briouze; MARAIS, notaire à Flers ; SANSON, filateur à Clécy ; GALLET (Eugène), négociant à Flers ; GALLET (Arsène), négociant à *id.*; SIMONNE-LAVALLÉE, banquier à *id.*; LAUMÔNIER (Ches), négociant à *id.*; LEPELLETIER (Adolphe), fabricant à *id.*; BARBEY, docteur en médecine à *id.*; RAMARD-DOUESNEL, juge de paix à *id.*; Ch. BEAUDET, négociant à *id.*; POTTIER, fabricant à Montilly ; LECORNU, fabricant à Aubusson; GALLIER, fabricant à Flers; SALLES, de *id.*; MARIE, de *id.*; FOUCAULT (Thre), fabricant à *id.*; A. HUARD, de St-Cornier ; BEAUMONT, architecte à Flers; VAVASSEUR, imprimeur à Argentan; RADIGUE, fabricant à Flers; RADIGUE, fabricant à la Ferté-Macé; DELAUNAY-LARIVIÈRE, fabricant à *id.*; J. DURET, filateur à Condé; le maire de Vire; &c., &c.

M. le directeur rappelle que déjà une enquête industrielle fut faite par l'Association normande dans la ville de Flers, en 1838. Des progrès considérables ont dû avoir lieu, depuis cette époque, dans les divers genres d'industries et dans l'importance de la fabrication: ce sont ces progrès que l'Association vient constater aujourd'hui. — M. de Caumont prie M. Schnetz de vouloir bien diriger l'enquête, qui fut si habilement conduite par M. Schnetz, son père, en 1838.

M. Denis, membre du Conseil général des manufactures, demande la parole et s'exprime ainsi :

« MESSIEURS,

» J'éprouve autant de bonheur que de surprise à remplir aujourd'hui à Flers les fonctions que vous venez de me confier! Je ne rechercherai pas les causes d'un honneur aussi inattendu qu'il est flatteur pour moi. Je ne veux m'occuper que de m'en rendre digne.

» Ma tâche serait bien difficile, je le sens, Messieurs, si je n'y étais encouragé et soutenu par les personnes auxquelles je suis adjoint.

» Une enquête industrielle est le but de votre réunion. Heureusement, et je vous en félicite, ce n'est pas pour sonder les plaies de l'industrie ou du commerce qu'elle a lieu, mais bien plutôt pour apprécier les causes d'une prospérité toujours croissante, d'une prospérité qui fait, on peut le dire, en parcourant vos rues et vos voies de communication, autant d'honneur à l'administration de la ville de Flers, au point de vue municipal, qu'elle est favorable à cette ville au double aspect de l'industrie et du commerce.

» C'est à ceux qui, comme moi, Messieurs, ont vu, il y a 50 ans, Flers et ses commencements, c'est à eux d'apprécier, en les admirant, les heureux changements qui s'y sont produits.

» A une époque assez rapprochée de celle où nous nous plaisons à proclamer vos succès en tous genres, Flers, humble bourgade, ne possédait pas une grande route, même pour communiquer avec Condé; quelques rares masures, à peine habitables, tombaient en ruines sur ce terrain où s'élèvent aujourd'hui vos magnifiques constructions en granit, et composaient un affreux et sale village! (Que vos pères me passent le terme.) Mais déjà s'y montraient, il faut bien le dire aussi, une activité, une ardeur, une soif de production, une entente du commerce et de l'industrie, un amour du travail qui n'a fait que s'accroître encore, mais qui, dès lors, promettait déjà tous les succès, toutes les prospérités d'aujourd'hui.

» L'industrie, dans votre heureux pays, Messieurs, réalise les rêves de l'imagination; c'est la fée puissante à la baguette magique, transformant le désert en oasis, le pauvre village en ville importante, la lande stérile et sauvage en ferme riche et abondante, et fécondant par les bienfaits d'une civilisation avancée un pays qui, sans elle, eût été retenu longtemps encore dans les entraves de la pauvreté et du dénument!

» Permettez à un Normand, Messieurs, de s'arrêter avec complaisance, avec bonheur, ici, chez vous, sur la limite de sa province chérie! C'est pour lui un grand bien que celui de pouvoir jeter un coup-d'œil de satisfaction et d'orgueil sur une ville normande, sur une ville comme la vôtre, où l'industrie, que l'activité et le travail vivifient, est la source de la prospérité de tous ses habitants laborieux. — Mais pardonnez si, au milieu de ce mouvement, devant cette activité si précieuse, je ne dis qu'un mot des bienfaits du travail, de ce travail qui épure et moralise en même temps qu'il élève et agrandit l'homme par l'indépendance qu'il lui donne, de ce travail, bienfait de la Providence, et dont tous ici vous connaissez le prix! Un mot de plus devant vous, Messieurs, ne serait-il pas superflu; car vous savez, comme moi, que le travail est à la fois le besoin le plus pressant de l'humanité qu'il console, et la sauvegarde la plus sûre des sociétés qu'il préserve du terrible danger des révolutions?

» Honneur donc à vous, industriels laborieux de toutes les conditions et de tous les pays! Honneur à vous, industriels de Flers! car vous êtes les artisans de votre bonheur et les bienfaiteurs de votre pays. »

M. Ph. Schnetz prononce le discours suivant :

« MESSIEURS,

» Il y a 14 ans, à pareille époque, l'Association normande venait visiter Flers, et, admirant l'accroissement rapide de ce centre industriel, lui promettait de revenir juger par elle-même des progrès, dans notre contrée, de l'agriculture et de l'industrie. Vous avez été fidèles à votre parole, et votre présence ici, lorsque tant d'autres villes vous appellent et vous prient, témoigne assez de l'intérêt que vous portez à notre commerce. — Recevez, M. de Caumont, et vous tous, Messieurs nos collègues de l'Association normande, les remercîments que je vous adresse au nom de la ville de Flers et de l'industrie de notre pays.

» Depuis 1838, notre industrie a pris un développement extraordinaire, et que des renseignements précis vous feront bientôt connaître. Je laisse à d'autres plus compétents le soin de vous présenter des chiffres que vous trouverez bien différents de ceux de 1838. Pour vous faire comprendre, dès à présent, l'importance de ce développement si remarquable, permettez-moi, Messieurs, de vous citer un passage du rapport que M. le préfet de l'Orne adressait, l'année dernière, au Conseil général sur le dénombrement quinquennal qui venait de se terminer.

» Après avoir signalé une diminution dans la population des trois arrondissements d'Alençon, d'Argentan et de Mortagne, et indiqué au contraire, pour l'arrondissement de Domfront, un accroissement de 3,131 habitants, M. Paulze-d'Yvoy s'exprimait ainsi : « Quant à l'augmentation » toute particulière survenue dans l'arrondissement de » Domfront, le développement industriel qu'a pris la ville » de Flers en donne une explication naturelle. Le canton » de Flers offre, à lui seul, un accroissement de 1,989 » habitants, dans lequel la ville est comprise pour 1,397. » Les cantons d'Athis, de Tinchebray et de Messey surtout, ont vu aussi leur population de plus en plus occupée des travaux de la fabrique de Flers. Ce genre de commerce, en effet, a eu le bonheur de résister à toutes les crises occasionnées par les bouleversemnts politiques que la France a vus se succéder. Cet exceptionnel et si heureux sort est dû à plusieurs causes ; le bas prix des produits de Flers en rend la vente plus facile que celle des objets de luxe. L'intelligence des fabricants et le bon esprit de nos populations ont aussi contribué beaucoup à empêcher la ruine de l'industrie.

» Ici point de ces coalitions tout à la fois coupables et mal raisonnées, qui, dans ces derniers temps, ont apporté le désordre dans plusieurs villes de fabrique et arrêté les opérations du commerce déjà trop ralenties. Les ouvriers de nos contrées ne connaissent point ces grèves, ou plutôt ils savent qu'elles tournent toujours au détriment de ceux qui les font ; leur bon sens les a constamment maintenus dans la bonne voie, et, s'il eût été nécessaire, un autre lien serait venu les arrêter ; ce lien, c'est la famille.

» Contrairement à ce qui arrive dans plusieurs autres fabriques, ici le travail se fait à domicile ; l'ouvrier, au lieu de vivre dans un atelier et d'y rester toute la journée, quelquefois même des mois, loin de sa famille, travaille chez lui ; et c'est près de sa femme, près de ses enfants qu'il gagne le pain qui leur est destiné. La femme occupée des soins du ménage, et trouvant à employer le temps qu'ils lui laissent, soit à préparer, soit à faire préparer par ses jeunes enfants le coton que le père ou les enfants plus âgés font ensuite entrer dans la fabrication du coutil ; le chef de famille pouvant surveiller et diriger lui-même ses enfants : tels sont les résultats de l'organisation du travail à domicile. L'ouvrier de Flers, ayant continuellement sous les yeux tout ce qui lui est cher, est encouragé, soutenu dans ses idées laborieuses, dans ses idées d'économie, et son désir le plus grand est la possession d'une maison, d'un jardin, d'un champ. — Comment, avec de semblables sentiments, l'ouvrier pourrait-il ne pas vouloir la prospérité du commerce, et aussi l'ordre et la tranquillité, premières causes de cette prospérité? Nous n'avons jamais cessé de voir le calme et la paix régner dans notre pays, même dans les temps les plus agités. Quand l'ouvrier s'est cru blessé dans ses droits, il a réclamé; mais il l'a fait avec modération. La loi sur le tissage et le bobinage, si elle était appliquée, ferait certainement disparaître les plus grandes difficultés qui peuvent se présenter. — Les rapports entre les patrons et les ouvriers peuvent donc être considérés comme excellents, et ce bon accord fait à la fois l'éloge des uns et des autres.

» L'instruction dans les familles industrielles est malheureusement fort négligée, et c'est un fait d'autant plus regrettable que les enfants, riches ou pauvres, peuvent, presque partout, trouver des maîtres capables, à des distances assez rapprochées. Généralement, aussitôt après leur première communion, les enfants sachant à peine lire et écrire quittent l'école pour n'y plus revenir ; et, cependant, c'est à ce moment que, leur intelligence commençant à se développer, ils pourraient mieux profiter des leçons de leurs maîtres. Dans toutes les écoles les enfants pauvres sont admis gratuitement ; les parents n'ont donc aucun motif pour les priver d'une éducation qui doit plus tard leur être d'une si grande utilité. La santé des enfants doit aussi en souffrir ; car ils commencent trop jeunes un travail souvent au-dessus de leurs forces, en tout cas contraire à leur développement, puisqu'ils passent les jours, et souvent une partie de la nuit, enfermés dans des lieux humides où le coutil se fait habituellement.

» On ne saurait trop combattre cette tendance, dans l'intérêt des enfants, en vue de leur santé, de leur éducation et de leur moralité ; car si nous voulons l'instruction pour tous, c'est cette instruction solide et sage qui développe l'intelligence et les bons instincts, et non cette éducation qui n'engendre que le mal. Celle-là n'est pas à redouter dans notre pays ; les instituteurs sont bons et savent généralement comprendre la mission importante qui leur est confiée.

» Un point de l'instruction, bien essentiel cependant, a été, jusqu'à ce moment, trop négligé ici comme dans tant d'autres pays : je veux parler du travail à l'aiguille dans les écoles des filles. Ce travail, que la nouvelle loi sur l'instruction a si bien fait de rendre obligatoire, les institutrices commencent à en comprendre toute l'importance ; les parents, chose incroyable, sont les derniers à se rendre à l'évidence. Et, cependant, n'est-il pas aussi essentiel pour une femme de savoir coudre et suffire elle-même aux soins du ménage, que de savoir lire et écrire? Le travail à l'aiguille, nous le disons bien haut, doit entrer en première ligne dans le programme de toute éducation solide et raisonnée.

» Dans notre pays, plus peut-être qu'en tout autre, le clergé s'occupe avec ardeur et dévoûment de l'instruction religieuse des enfants, et son influence, qui commence dès le bas âge, se conserve et se fait sentir dans toutes les classes et à tous les moments. Aussi, grace aux idées religieuses dont nos populations sont animées, grace aussi à cette vie de famille que nous avons indiquée, les mœurs sont bonnes en général, et on ne peut particulièrement remarquer qu'un vice, mais un vice affreux, malheureusement trop répandu : nommer l'ivrognerie, c'est dire tout à la fois et les mauvais effets qu'elle produit, et les efforts qui doivent être tentés pour la détruire.

» Nous n'avons parlé jusqu'ici que des familles industrielles; tout ce que nous avons dit d'elles peut s'appliquer aux familles agricoles ; car, sauf quelques exceptions, la terre est le plus souvent cultivée par des personnes occupées ordinairement de l'industrie; ou bien les agriculteurs, dans leurs moments de liberté, deviennent eux-mêmes industriels.—Dans aucun pays on ne voit une union aussi parfaite, un accord aussi fraternel entre les deux classes dont nous parlons : c'est entr'elles un échange de services qui se fait remarquer à chaque instant et en toute circonstance. Le tisserand n'a ni chevaux ni charrue pour cultiver son champ, pour en transporter les produits ; l'agriculteur arrive aussitôt à son secours. De son côté, le cultivateur manque-t-il de bras au moment de la récolte, il trouve, près de ceux qu'il vient d'aider, le bon-vouloir le plus empressé. C'est la corvée, mais la corvée volontaire, bien différente de celle d'autrefois, car elle est réciproque ; ou, quand elle ne l'est plus, elle devient admirable et peut s'appeler charité. C'est ainsi que, pour les pauvres ou les vieillards, le bois destiné au chauffage, ou bien les matériaux nécessaires pour construire la chaumière qui doit les abriter, sont presque toujours transportés par le cultivateur voisin.

» Enfin, heureusement pour eux, heureusement aussi pour notre pays, les cultivateurs et les industriels vivent de la même manière ; c'est, pour les uns comme pour les autres, la vie de famille, la vie la meilleure, puisqu'elle maintient et conserve dans le cœur le respect de l'autorité, les sentiments religieux, l'amour du travail et l'union sans lesquels aucune société ne peut exister. »

M. Ph. Schnetz annonce qu'on va passer en revue, successivement, les diverses questions du programme de l'enquête industrielle. Il donne la parole à M. de Laferrière, qui a bien voulu se charger de répondre à la première question.

1. — *Origine et accroissement de la ville et de l'industrie de Flers.*

« Telle est, Messieurs, la première question posée par le programme. Je laisse à un homme plus compétent le soin de vous parler des progrès de l'industrie, progrès auxquels il a contribué pour une large part, et je me renferme dans l'histoire de la ville de Flers, dont je ne puis séparer celle de son château et de ses seigneurs, tant elles sont intimement liées.

» Le bourg de Flers, avant sa réunion au diocèse de Séez, appartenait à l'évêché de Bayeux. En 1789, il relevait du Parlement de Rouen, et dépendait de l'intendance de Caen et de l'élection de Vire, comme l'une des 19 paroisses comprises dans la sergenterie de Vassy.

» En 1720, Flers comptait, suivant l'historien Masseville, 439 feux ou familles ; en 1765, suivant le géographe Dumoulin, il n'avait pas dépassé ce même chiffre de 439 feux.

» Pour vous donner un terme de comparaison, Condé-sur-Noireau, en 1720, suivant Masseville, comptait 540 feux, et en 1765, suivant Dumoulin, 2,739.

» En 1809, Flers n'avait encore dans ses murs qu'un maître en chirurgie et un officier de santé, et pas un docteur en médecine, pas un pharmacien, pas une sage-femme (1).

(1) Annuaire de l'Orne (1809).

» En 1820, Flers, simple bourg non encore élevé à l'honneur d'un chef-lieu de canton, et dépendant de Messey, avait atteint, comme population, le chiffre de 3,357 habitants (1); en 1831, celui de 3,610.

» Le dernier recensement de 1851 nous donne le chiffre de 4,439; rapprochez-le du chiffre que nous avons pris pour point de départ, c'est-à-dire des 439 feux, limite invariable de la population de Flers durant le XVIIIe siècle, et vous mesurerez tout l'accroissement de la ville et le développement merveilleux qu'a pris son infatigable et intelligente industrie.

» A la seigneurie de Flers appartenait le droit de moyenne justice (2), droit s'étendant sur cinq paroisses : Flers, St-Clair-de-Halouze, la Chapelle-Biche, Aubusson et St-Georges-des-Groseilliers.

» Ce droit de moyenne justice, comme nous le dit Basnage dans son explication de la *Coutume de Normandie*, n'était que très-imparfaitement déterminé. Par arrêt du 9 mars 1610, le seigneur de Flers « avait été maintenu en la » possession du droit de juridiction et *de connaître*, par » son sénéchal, des délits commis dans les bois et forêts de » ladite seigneurie, ainsi que des causes mobilières. » En 1734, un procès s'engagea entre les seigneurs de Flers et les officiers de Vire. On y traita même la question de savoir s'il y avait des moyennes justices en Normandie, la *Coutume* n'en faisant aucune mention. Il fut dit, par l'arrêt de février 1734, tant l'affaire parut obscure, que l'on se reporterait

(1) Annuaire de l'Orne (1820).

(2) On ne trouvera d'exemple de moyenne justice que celui de l'abbesse de Caen, dans le faubourg de St-Gilles, et ceux de l'abbé de Jumiéges et du sénéchal de St-Lo.

aux aveux du comte de Flers, dont le droit de justice serait précisé par ses propres déclarations.

» En regard des droits du seigneur suzerain viennent naturellement se placer les devoirs, les services de la bourgeoisie de Flers. Les bourgeois de Flers (je prends ces renseignements dans un aveu de 1724) étaient tenus à une journée de *huée* ou de chasse dans la forêt de Halouze, en la compagnie du seigneur (1).

» Ils étaient sujets à deux deniers le jour de St-Georges, pour être francs et quittes de toutes coutumes.

» Permettez-moi ici un rapprochement entre les bourgeois de Flers et ceux de la Ferté-Macé. Le droit de coutume était beaucoup moins élevé à Flers que dans la baronnie de la Ferté, dont les tenants payaient, suivant le papier terrier de 1586, six deniers le prochain jour après Noël, et deux deniers le jour de la St-Maurice, pour être francs et quittes de coutumes (2).

» Je reprends la nomenclature des devoirs dûs par les bourgeois de Flers.

» Ils étaient quittes de tout treizième, en payant quatre deniers tournois pour chaque vente d'héritages en ladite bourgeoisie;

» Tenus d'assister et garder les malfaiteurs pris et amenés en ladite bourgeoisie, et, après les avoir gardés nuit et jour, tenus de les livrer à la justice à l'issue de ladite bourgeoisie.

» Enfin ils étaient tenus d'envoyer leurs enfants aux écoles

(1) Chartrier du château de Flers.

(2) Papier terrier de la vicomté de Falaise, manuscrit de la bibliothèque nationale.

dudit seigneur. Je me réserve de vous dire ce qu'étaient ces écoles en vous parlant des seigneurs de Flers ; mais auparavant, et pour ne plus interrompre mon récit, je vais empiéter un instant sur la question industrielle, car la fabrication des coutils doit avoir aussi son histoire.

» Le 16 février 1781, le roi Louis XVI, par lettres-patentes, enregistrées au Parlement de Rouen le 22 mai de la même année, prescrivit un réglement pour la fabrication des toiles et toileries dans la généralité d'Alençon. Son but était d'indiquer, pour chaque généralité, les espèces de toiles et de toileries qui s'y fabriquaient, et de préciser, dans un tableau contresigné et invariable, les matières, le nombre de fils dont elles devaient être composées, ainsi que les largeurs au sortir du métier. J'ai en ma possession le tableau qui réglementait les coutils de la Ferté-Macé, et leur analogie avec ceux de Flers m'engage à vous le faire connaître.

» Pour les coutils rayés larges, à chaîne et trame en brin du chanvre, la largeur, au sortir du métier, était fixée à une demi-aune, et le nombre des fils de la chaîne à 1,320.

» Les coutils rayés étroits, chaîne et trame en brin du chanvre, devaient avoir, à la sortie du métier, un quart et demi, et le nombre des fils de la chaîne était fixé à 1,000.

» L'église de Flers, sous l'invocation de St Germain, *ecclesia S. Germani de Fleris*, avait pour patron le seigneur du lieu. Les abbayes de Cerisy-Belle-Étoile et de St-Vincent du Mans s'en partageaient les dîmes. Le prieuré du Plessis-Grimoult y eut aussi des droits, ainsi que nous l'apprend la charte sans date dans laquelle Henri, évêque de Bayeux, de 1165 à 1205, confirme la donation de la dîme de Flers faite à ce prieuré par Roger de Gouvix, Robert de Brecy, Guillaume d'Aiguillon, Guillaume de Saveny et Hugues de Noyers.

» Un pouillé manuscrit du diocèse de Bayeux, rédigé en 1782 ou 1783, nous apprend qu'en cette année même l'on bâtissait une église neuve, et que la chapelle St-Jean du haut du bourg servait alors d'église paroissiale. Le presbytère fut bâti en 1776.

» J'arrive à l'histoire des seigneurs de Flers :

» Le premier possesseur de la terre de Flers que nous puissions citer avec quelque certitude, c'est Foulques d'Aunou. Suivant les grands rôles de l'échiquier, Foulques d'Aunou solda, sous Henri II, en 1180, 117 livres 17 sols 6 deniers, pour ce qu'il était resté redevoir de sa fin *(sui finis)*, pour la terre de Flers (1).—(Le mot fin désignait, suivant notre savant compatriote, M. Delisle, l'action de transiger et les conditions auxquelles on y parvenait.)

» Dans une autre charte, sans date, citée par M. Léchaudé d'Anisy, Foulques d'Aunou donna au prieuré du Plessis-Grimoult la dîme de la Folletière et du bois Corbin, villages qui dépendent, vous le savez, de la paroisse de Flers.

» Foulques d'Aunou descendait d'un autre Foulques d'Aunou, l'un des cinq fils de Baudric-le-Teuton, dont nous parle avec tant d'éloges l'historien Orderic Vital. Ce Foulques d'Aunou, premier du nom, fournit 40 vaisseaux à Guillaume-le-Conquérant pour son expédition d'Angleterre (2), et signa la charte de Guillaume et de la reine

(1) Antiquaires de Normandie.

(2) Manuscrits de Taylas.

Mathilde, qui accordait à l'abbaye de St-Etienne le droit d'avoir un cellier à Rouen.

» Cette famille paraît s'être éteinte vers la fin du XIVe siècle. En 1560, le chapitre de Séez possédait la baronnie d'Aunou-sur-Orne. Je ne puis préciser comment la seigneurie de Flers passa de la famille d'Aunou dans celle de Grosparmy ; mais je puis conjecturer que ce fut à la fin du XIIe ou dans le commencement du XIIIe siècle ; car une vieille chronique, en parlant du cardinal Raoul de Grosparmy, mort en 1270, nous dit qu'il était issu des seigneurs de Beuzeville et de Flers. L'historien des cardinaux français confirme cette assertion : « Celui-ci, dit-il, s'appelait Raoul » de Grosparmy, issu des seigneurs de Beuzeville et de » Flers. »

» L'espace et le temps me manquent pour vous parler de Raoul de Grosparmy, successivement doyen de Saint-Martin de Tours, garde-des-sceaux de France, évêque d'Evreux en 1259, et au sacre duquel St Louis assista. En 1261, le pape Urbain IV le créa cardinal.

» En 1414, je trouve Raoul de Grosparmy seigneur de Flers et de Beuzeville.

» En 1496, dans le contrat de mariage de Guillemette de Grosparmy et de Germain de Grimouville, seigneur de Larchamp, est il fait mention de feu Nicolas de Grosparmy, baron de Flers (1), et de Jehan de Grosparmy, son fils aîné, seigneur et baron de Flers à cette même date.

» Jehan de Grosparmy eut pour fils et héritier Nicolas de Grosparmy, mort en 1541, laissant de Jacqueline de Sillans, sa femme, deux filles : l'aînée, Anne de Grosparmy,

(1) Chartrier de Flers.

âgée de 5 ou 6 ans ; et la seconde, Jeanne de Grosparmy, âgée de 8 jours (1).

» Les deux mineures tombèrent en la garde du roi François Ier, qui, sur la demande de sa sœur, la duchesse d'Alençon, consentit au mariage de l'aînée avec son échanson, le sieur d'Orsomuliers, auquel elle venait de concéder la somme « *à quoi* pourra se monter le tiers danger échu » et à écheoir de la coupe du bois appelé le bois-Dauphi » dépendant de la baronnie de la Lande-Patry (2). »

» Pour le grand bien de la maison de Pellevé, ce mariage se rompit ; les mineures, d'abord confiées à la duchesse d'Alençon elle-même, furent remises à leur mère et mariées par elle : l'aînée, en 1546, à Jehan de Pellevé, sieur de Pacy et de La Landelle ; et la cadette, Jeanne, à Henri de Pellevé, en 1547.

» L'ancienne et illustre famille de Pellevé remonte à Thomas de Pellevé, premier du nom, qui accompagna le Conquérant en Angleterre, et en reçut le fief de Cady.

» La branche des Pellevé, comtes de Flers, qui n'est que la branche cadette de cette maison, remonte elle-même à Jean de Pellevé, troisième fils de Thomas de Pellevé, seigneur d'Aubigny, mort avant 1473 (3).

» Jean de Pellevé et Henri de Pellevé, comtes de Flers, étaient fils de Richard de Pellevé et de Louise du Grippel, dame de Caligny, de La Landelle et des Botz, fief noble dont le siége était dans la commune d'Athis. Leur frère

(1) Chartrier de Flers.

(2) Registre manuscrit de Jehan de Frotté en 1841. (Chartrier du château de Couterne).

(3) Chartrier du château de Flers.

aîné, Richard de Pellevé, fut tué, en 1509, à la bataille de Moncontour, dans les rangs de l'armée royale.

» Jean de Pellevé tomba, comme son frère aîné, sur un champ de bataille. Henri, devenu par son décès seigneur de Flers, resta non moins attaché à Henri III et à Henri IV; et pourtant dans le camp opposé se trouvait son cousin, le propre parrain de son fils, ce belliqueux cardinal de Pellevé, qui mourut de rage, à l'âge de 76 ans, en apprenant la nouvelle de l'entrée de Henri IV à Paris ; esprit remuant, infatigable, l'ame de la coalition, et dont un auteur du temps a pu dire :

> Une fois il fict bien; ce fut à son trépas.
> Le bon Dieu lui pardoint, car il n'y pensait pas (1).

Son portrait est resté dans le château de Flers, où il vint sans doute essayer de faire d'Henri de Pellevé un ligueur, mais sans y réussir : le sang de ses deux frères liait à jamais celui-ci à la cause royale.

» Je regrette de ne pouvoir analyser que rapidement les archives du château de Flers, mises si gracieusement à ma disposition ; elles renferment de précieux détails sur les tristes guerres de cette époque dans notre Normandie.

» Le 29 septembre 1567, Charles IX exempta Henri de Pellevé du ban et de l'arrière-ban, faveur qu'il avait déjà reçue, en 1552, du roi Henri II.

» Le 12 septembre 1568, le roi Charles IX lui écrivait encore : « *Monsieur de Flers, pour vos vertus, vaillances et* » *mérites, vous avez été choisy et esleu par l'assemblée des*

(1) Satyre menippée, t. II, p 592.

» *chevaliers pères et compaignons de l'ordre de Monseigneur*
» *St-Michel (1).* »

» Ce fut le maréchal de Cossé qui lui porta le collier de l'ordre.

» Le 1er juin 1569, le duc d'Anjou l'exempta de la contribution du ban et de l'arrière-ban. Devenu roi, il l'en exempta de nouveau le 20 septembre 1575.

» Le 12 avril de la même année, il lui écrit pour le prier de lui envoyer un sac de papiers appartenant à l'assesseur de Chinon et pris par le sieur de Maisons ; et de sa propre main il ajoute : « *Ne faictes faute de m'anvoyer* » *l'homme qui a prins le sac. Vostre bien bon amy Henry.* »

» A partir de 1589, un correspondance suivie s'établit entre Henri de Pellevé et le duc de Montpensier, qui tenait pour le roi en Basse-Normandie. Plusieurs de ces lettres offrent un véritable intérêt pour notre histoire locale. Le 30 mars 1589, le duc de Montpensier, alors à Alençon, écrit au baron de Flers : « *Je vous avais prié par ma der-* » *nière d'amasser le plus de vos amys que vous pourriez.*
» Ce que je vous prie de faire. Le porteur m'a fait entendre
» la peine que vous aviez prise à la conservation des châ-
» teaux de Messey, Thury et Condé, desquelz dépend la
» liberté du pays (2). »

» Il est utile de rappeler, pour l'intelligence de cette lettre et des suivantes, qu'au mois d'avril de la même année, Jean de Laferrière, baron de Vernie, avait fait déclarer Domfront pour la Ligue et avait ravagé tout le Passais.

(1) Chartrier du château de Flers. (L'original y est conservé.)
(2) Chartrier du château de Flers.

» Dans une lettre datée de Caen, le 14 avril même année, le duc de Montpensier remercie Henri de Pellevé de la diligence qu'il a mise à venir le trouver à Falaise : « *Je vous* » *promets*, lui dit-il, *que je m'acheminerai par delà avec* » *le canon.* » C'était, sans doute, pour en finir avec le reste des bandes connues sous le nom de *Gautiers*, enrôlées par le duc de Brissac, et dont le duc de Montpensier venait de faire justice au village de Pierreffitte (1).

» Henri III est assassiné le 1er août 1589 ; mais la guerre ne se ralentit pas dans notre province, et Henri IV y vient de sa personne.

» Le 13 décembre 1589, il fait don à Henri de Pellevé des fruits et revenus du prieuré de la Lande-Patry et dépendances d'iceluy, confisqués pour cause de rébellion du titulaire, à la charge de le faire desservir par personne capable. Enfin, le 31 décembre 1589, il lui donnait une sauvegarde. La voici dans ses propres termes : « *Désirant* » *gratifier nostre cher et bien amé le baron de Flers, défendons qu'es paroisses de Tracy, les Botz, Caligny, Montilly,* » *la Bazoque, Fresnes, Montsegré et St-Pierre-d'Entremont,* » *vous n'aiez à loger ne souffrir aulcuns de nos gens de* » *guerre* (2). »

» En 1598, Henri IV récompense le baron de Flers de ses bons et loyaux services en la personne de Nicolas, son fils aîné, en autorisant la réunion des fiefs de Caligny, des Botz et de Montilly à la baronnie de Flers, et en érigeant ladite baronnie en comté (3).

(1) Chartrier du château de Flers.

(2) Idem.

(3) Idem.

» Nicolas de Pellevé, par une illustre alliance, venait de rehausser l'éclat de la famille de Flers. Le 25 décembre 1593, il avait épousé Elisabeth de Rohan, fille de très-haut et très-puissant seigneur messire Loys de Rohan, prince de Guemenée, pair de France, seigneur de Condé-sur-Noireau. Elle lui avait apporté en dot 35,000 livres et la jouissance de la terre et seigneurie de Condé-sur-Noireau dont relevaient le fief de Ste-Honorine-la-Chardonne, la masure de la Guillotière, le fief du Rôcher et celui d'Epinouze (1).

» Voulez-vous entrer dans l'intérieur de ces châteaux féodaux du XVIe siècle, connaître la vie de ces hauts suzerains, laissez-moi vous lire une des nombreuses lettres écrites par le prince Loys de Rohan à son gendre le comte de Flers :

« *21 février 1604.*

» *Monsieur le comte, j'ai à ce matin reçu vostre lettre par*
» *laquelle j'ay entendu de vos bonnes nouvelles que je suplie*
» *Dieu vous contynuer telles. Je vous remercie de votre ve-*
» *naison de laquelle, avec l'aide de Dieu, nous mangerons*
» *demain après avoir oui la messe et en boyrons à vous et à*
» *vostre santé. Vous n'aviez besoing de me faire excuse de ne*
» *m'estre venu veoir, car je ne douple point de vostre bonne*
» *volonté et que quand j'aurois besoing de vous vous m'assis-*
» *teriez vollontiers comme je le ferois si vous aiyez affaire*
» *de moy ; j'espère avec l'aide de Dieu en allant ou revenant*
» *de Bretaigne vous aller viziter et sçavoir sy ma fille est*
» *aussi bonne ménagère comme elle en a le bruit en ce païs ;*

(1) Le contrat de mariage est conservé dans le chartrier de Flers.

» *mays ce qui me la faict plus estimer, c'est que l'on m'a*
» *assuré qu'elle vous ayme et honore comme une fame de*
» *bien doibt faire son mari. Je vous prie de faire toujours*
» *estat de moy qui me recommande de bon cœur à toutes*
» *vos bonnes prières et bonnes grâces sans oublier ma fille,*
» *et suplie Dieu qu'il vous continue sa paix et qu'il vous*
» *tienne, Monsieur le Comte, en sa sainte et digne garde.*

» *Votre affectionné beau-père*
» *et assuré amy,*

» *Loys de Rohan.* » (1)

» Le 12 septembre 1615, le roi Louis XIII, « désirant, » comme il le dit dans ses lettres-patentes, gratifier et » favorablement traiter, en tout ce qu'il sera possible, son » amé et féal le comte de Flers, défend, sous peine de » désobéissance et d'encourir son indignation, de loger ni » de souffrir loger aucuns gens de guerre dans le comté de » Flers. »

» Ainsi, à toutes les époques, grace à l'intervention puissante de ses seigneurs, la ville de Flers échappa aux souffrances, aux ravages de la guerre civile.

» Quittons Nicolas de Pellevé pour nous occuper de Louis, son fils aîné et héritier du comté de Flers.

» Louis de Pellevé, à la date du 4 juillet 1616, reçut du roi Louis XIII commission de lever un régiment de dix compagnies de gens de guerre ; mais la coalition formée par Marie de Médicis, à la chute du maréchal d'Ancre, s'étant dissoute d'elle-même, le roi, à la date du 17 octobre 1616, lui ordonna, en ces termes, de licencier ce même régiment :

(1) Chartrier du château de Flers.

« *Ayant pleu à Dieu de me donner la paix, je ne dois plus » avoir autre soing que de la donner à mon peuple, le déchar- » ger de l'oppression qu'il a eue en ce dernier mouvement* » (1).

» Le 27 juillet 1620, le roi lui donne, de nouveau, commission de lever un régiment. La reprise d'hostilités entre lui et Marie de Médicis explique cette mesure.

» A deux mois de là, le régiment était prêt, et la revue en fut passée dans une plaine, près de Condé. Si j'insiste sur ces détails, c'est que ce régiment était levé, en grande partie, dans les seigneuries de Flers et de Condé-sur-Noireau.

» En janvier 1650, le roi Louis XIII autorisa, dans le comté de Flers, le tir au papegai ou papegault ; et voici les lettres d'octroi adressées au comte de Flers :

« *Nostre cher bien amé Louis de Pellevé, comte de Flers, » chastelain et haut-justicier de Condé-sur-Noireau nous a » humblement remonstré que le bourg de Flers et la ville de » Condé à lui appartenants sont peuplés et habités de » grand nombre de gentz bonne partie desquelz se sont ren- » dus assez adroicts aux exercices millitaires ayant été em- » ployés à nostre service sous la charge dudit exposant » lequel nous avions honoré de plusieurs commissions pour » lever et mettre sus un régiment de dix compaignies de gentz » de guerre à pied, une compaignie de chevaulx légers et une » autre compaignie de carabins et avoient de tout temps les » devanciers desditz habitans témoigné leur affection au » service des roys nos prédécesseurs et particulièrement » avoient, iceulx devanciers desditz habitans fait paroistre » leur singulière affection au bien service de nostre estat et*

(1) Chartrier du château de Flers.

» *royaume de France du temps de la Ligue, n'ayant iceulx* » *habitans craint ni redouté les forces des ennemys quoi* » *qu'ils en fussent environnez de touttes parts, estant toujours* » *demeurez fermes à conserver lesdits lieux de Flers et de* » *Condé en l'obéissance des roys sous la bonne conduite des* » *prédécesseurs du sieur exposant, et d'autant que icelui* » *sieur exposant désirant lesditz habitans de Flers et de* » *Condé estre entretenus aux exercices millitaires, nous a* » *humblement requis qu'ils puissent une foys l'an durant le* » *moys de may tirer du mousquet et de l'arquebuze au pape-* » *gault en tels lieux de Flers et de Condé que ledit exposant* » *et ses successeurs sera advisé à ordonner et qu'il nous pleust* » *faire grâce et libéralité et octroyer privilége à celui qui* » *abattera le papegault avec le mousquet comme aussi avec* » *l'arquebuze, de pouvoir amener, vendre et distribuer en* » *menu et détail et de tel lieu et pays que bon leur semblera* » *auxditz lieux de Flers et de Condé durant ladite année* » *qu'il l'aurait abattu, tous vins, cildres, poirées et autres* » *boissons francz, quittes et exemptz de tributz, droitz,* » *impotz ou debvoirs, subsides, aydes, subventions et impo-* » *sitions quelconques* » (1).

» Le roi, en considération des services rendus par le comte de Flers et par les habitants de Condé et de Flers, octroya cette permission dans toute son étendue, et affranchit de tout droit, de toute contribution durant une année, l'habile tireur qui abattrait le papegault.

» C'est le même Louis de Pellevé qui obtint du roi Louis XIII des lettres-patentes concédant de grands priviléges pour les écoles de Flers. Ce document précieux pour notre

(1) Chartrier de Flers.

histoire locale, mérite d'être cité presque dans son entier :

« *Nostre cher et bien amé Louis de Pellevé, chevalier, comte » de Flers, seigneur chastelain et haut-justicier de Condé-sur-» Noireau : Nous a fait humblement remonstrer qu'en sa » terre et comté de Flers entre autres droits, il a celui d'es-» tablir et instituer des écoles ausquelles ses vassaux sont » sujets d'envoyer leurs enfants pour y estre instruits et » enseignez ; ce qui a obligé ledit sieur exposant pour le bien » et utilité publique, décoration et ornement dudit comté de » Flers, de faire recherche de maistres regens, hommes » doctes de bonne vie et mœurs, faisans profession de la » Religion Catholique, Apostolique et Romaine, capables et » bien versez dans la langue latine, pour enseigner les » bonnes mœurs, les lettres humaines et la philosophie aux » escoliers estudians desdites escoles ; lesquels maistres » régens à présent font ledit exercice dans le bourg dudit » lieu de Flers, ce qui apporte un grand bien et commodité » aux habitans dudit bourg et des lieux circonvoisins qui » n'avoient les moyens, facultez et commoditez d'entretenir » leurs enfans ès Universitez establies ès grandes villes de » nostre Royaume ; ne délaisseront néantmoins lesdits enfans » de devenir autant capables, estudians audit lieu de Flers, » de servir le public, comme s'ils avoient estudié esdites Uni-» versitez ; et désirant l'exposant, outre lesdits maistres » régens d'humanité et philosophie, y establir autres » personnes capables pour y enseigner les autres arts et » sciences utiles, honnestes et permises ; pour davantage ren-» dre célèbres et illustres lesdites escoles, il nous a humble-» ment requis nos lettres d'approbation et confirmation à ce » nécessaires,* Sçavoir *faisons, que approuvant le loüable*

» *dessein dudit exposant, et inclinant à sa supplication, et*
» *désirant le gratifier en cette occasion, en considération*
» *aussi des bons et agréables services que ses prédécesseurs*
» *et lui ont rendus aux roys nos prédécesseurs et à nous,*
» *avons confirmé et approuvé, confirmons et approuvons par*
» *ces présentes signées de nostre main ledit droit d'escole au-*
» *dit exposant en sadite terre et comté de Flers, pour y estre*
» *fait et continué l'exercice d'icelles d'ores-en-avant perpé-*
» *tuellement et à toujours et y estre les Lettres humaines, la*
» *philosophie et autres arts et sciences utiles, honnestes et per-*
» *mises, enseignées par telles personnes capables qui feront*
» *profession de la Religion Catholique, Apostolique et Romaine,*
» *qui seront choisies, elevées et establies pour cet effet par le-*
» *dit sieur comte de Flers, ses successeurs et ayant-cause.*

» *Données à Paris au mois de janvier, l'an de grâce mil*
» *six cens trente. Et de nostre règne le vingtiesme. Signé :*
» LOUIS. »

» Je ne m'arrêterai pas à Pierre de Pellevé, qui succéda à Louis de Pellevé, son frère, mort sans enfants en 1639. Je ne trouve d'ailleurs qu'un document important qui le concerne : c'est la commission que lui donna le duc de Longueville de lever un régiment de cavalerie légère, en 1649. C'était à l'époque de la première fronde (1).

» Son fils aîné et successeur, Antoine de Pellevé, par son mariage, en 1665, avec Marie Fauvel de Lebissé, réunit à la seigneurie de Flers la baronnie de Larchamp et de la Lande-Patry. Mais déjà le puissant château de la Lande, qui avait reçu plusieurs fois dans ses murs Jean-sans-Terre,

(1) Chartrier du château de Flers.

n'était plus qu'une ruine, comme j'ai pu le constater par un aveu de 1668.

» De l'ancienne ville qui avoisinait le château, et dont j'ai partout retrouvé les traces, il ne restait aussi, en 1668, que cinq ou six maisons (1).

» Antoine de Pellevé fut nommé successivement, par Louis XIV, capitaine de chevau-légers et colonel de la noblesse de l'élection de Vire, avec charge de veiller à la défense des côtes.

» Son fils aîné, Louis de Pellevé, lui succéda, en 1691, en qualité de seigneur de Flers. Ecuyer ordinaire du roi et gouverneur du château de Meudon, il laissa d'Angélique de Gareaut du Mont, en 1722, un fils, Hyacinthe-Louis de Pellevé, marié à Angélique de Lachaise d'Aix, nièce du P. Lachaise, confesseur de Louis XIV, et une fille, Jourdaine de Pellevé, mariée à René de La Motte-Ango.

» Hyacinthe-Louis de Pellevé rendit un immense service au bourg de Flers, en obtenant du roi Louis XV, en 1724, le rétablissement des anciennes foires. Permettez-moi d'entrer, à ce sujet, dans quelques détails; car c'est l'histoire des propres priviléges de la ville de Flers.

» Hyacinthe-Louis de Pellevé représenta au roi Louis XV que la terre de Flers, se trouvant située dans un pays abondant et fertile, *« il y avoit esté estably anciennement et » en différents temps huit foires par chacune année, mais que » ladite terre ayant esté décrétée et ses droits négligés pen- » dant les poursuites du décret et que les seigneurs de Flers » estoient occupés au service, les foires avoient été interrom-*

(1) Registre des aveux de la vicomté de Domfront (bibliothèque de Domfront).

» *pueş.* » Il demanda donc au roi de rétablir six foires par an: la première, le second mercredi de Carême; la deuxième, le mercredi d'après la St-Georges, pour « *estre tenue durant* » *deux jours* ; » la troisième, le mercredi qui précède la St-Barnabé; la quatrième, le 30 juillet, veille de St-Germain, pour être tenue pendant deux jours; la cinquième, le 7 septembre, veille de la Nativité de Notre-Dame; et la sixième, la veille de la St-André.

» Le roi Louis XV, aux termes de ses lettres-patentes, pour donner au sire de Pellevé une marque d'estime et de reconnaissance que méritent ses loyaux services, et pour procurer aux habitants de Flers l'avantage qu'ils doivent trouver dans l'établissement desdites foires pour le débit et consommation de leurs denrées et marchandises, autorisa la création des six foires demandées par le comte de Flers. La charte d'octroi, donnée à Versailles, au mois de mai 1724, est conservée dans le précieux chartrier du château. Elle autorise le comte de Flers, ses successeurs et ayant-cause, à faire construire les halles, étaux, boutiques et échoppes nécessaires, s'ils ne sont déjà construits ; « *leur* » *permet de percevoir les droitz qui seront deus suivant les* » *us et coutumes,* » et autorise les marchands « *à aller, venir,* » *séjourner, vendre, débiter, troquer et échanger toutes sortes* » *de marchandises licites et permises, pourvu toutefois qu'à* » *quatre lieues à la ronde de la terre de Flers il n'y ait aux-* » *dits jours autres foires auxquelles ces présentes puissent* » *préjudicier et que lesdites foires n'échoient aux jours de* » *dimanche et festes solemnelles auquel cas elles seront re-* » *mises au lendemain.* »

» Les foires rapportaient, en 1716, à M. le comte de Flers, comme droits, la somme de 1,520 livres ; car il était tenu de payer à la direction des tailles de Vire la somme de 66 livres pour le vingtième desdits droits (1).

» En 1736, le comté de Flers, par la mort d'Hyacinthe-Louis de Pellevé, passa dans la famille des Ango, seigneurs de La Motte-Lezeau et de Villebadin, où il est resté jusqu'en 1806.

» En 1750, Hyacinthe de La Motte-Ango, comte de Flers, acheta la seigneurie de Messey de la veuve du marquis de Louvois, et la fit réunir, en 1751, au comté de Flers. Pour me servir d'un vieux dicton populaire, ce n'était plus alors la terre de Flers, c'était bien vraiment la province de Flers.

» En 1795, à la suite de la pacification de la Mabilais, le district de Domfront donna des passeports à plusieurs des chefs de chouans, et notamment à MM. de Frotté et Laroque, pour se rendre dans la maison de la citoyenne Ango, à Flers (expression du temps). De là ils devaient correspondre avec tous leurs hommes pour les amener à déposer les armes.

» Le 19 thermidor an VI, la citoyenne Ango, de Flers, épouse de Pierre Ango, de Flers, fut citée devant le Conseil de guerre permanent de la 14e division militaire, présidé par le citoyen Place, chef de brigade. Elle était accusée d'embauchage ; mais elle fut acquittée à l'unanimité. Le considérant du jugement porte que l'accusation dirigée contre la citoyenne Ango, de Flers, présente tous les caractères de la calomnie et d'une passion haineuse, et que, d'ailleurs, la réunion de chouans à Flers « n'était rien autre » chose que l'ordre délivré aux chefs Frotté et autres de » prendre le domicile du citoyen Ango, de Flers, pour y » établir le centre de la pacification du district, en vertu » des traités de la Mabilais. »

(1) Chartrier de Flers.

» Le 18 février 1800, un incendie, allumé par les troupes du général Gardanne, dévora l'intérieur de la plus vieille partie du château, élégante construction du XVe siècle.

» En 1806, le château fut vendu par M. Ango, de Flers, à M. le baron de Redern. Le spirituel historien de l'*Orne pittoresque*, l'un de nos inspecteurs divisionnaires, M. Léon de La Sicotière, a recueilli, dans sa riche collection normande, une correspondance piquante entre M. de Redern, le banquier philosophe comme il l'appelle, et M. de Saint-Simon, ce père posthume des Saint-Simoniens.

» Le château de Flers appartient aujourd'hui à M. Philippe Schnetz, dont le père, homme si distingué et si intelligent, a tant fait pour la prospérité de la ville de Flers. »

Ce travail est accueilli par les applaudissements unanimes de l'Assemblée.

M. Marais, notaire à Flers, est invité à faire connaître le travail qu'il a préparé sur les 2e, 3e, 4e et 12e questions du programme, ainsi conçues :

2.—*Edifices publics ;*

3.—*Etablissements publics, écoles et état de l'instruction, établissements de bienfaisance, caisse d'épargne, Conseil des prudhommes, Chambre consultative ;*

4.—*Mouvement de la population ;*

12.—*Halles, foires et marchés.*

M. Marais lit le mémoire suivant, qui intéresse vivement l'Assemblée :

ÉDIFICES PUBLICS.

« Messieurs, cette question si importante pour l'avenir de la ville de Flers ne présente aujourd'hui aucun intérêt. Flers n'a rien ou à peu près rien gagné, sous ce rapport, depuis 20 ans, quoique sa population ait beaucoup plus que doublé.

» Il possède son église ;

» Sa halle aux coutils ;

» Son hôtel-de-ville, sa justice de paix et son presbytère ;

» Le tout devenu bien insuffisant.

» Depuis longtemps nous ressentons le besoin des édifices publics, qui sont nécessaires au maintien de la prospérité et de la richesse des villes anciennes, et en l'absence desquels la ville de Flers, ville toute nouvelle, a néanmoins acquis un développement et un accroissement dont on ne trouve guère d'exemples.

» Cette ville, complètement dépourvue d'édifices publics ou n'en possédant que d'insuffisants, a donc à peu près tout à faire. Nous devons souhaiter, dans l'intérêt de sa prospérité et de la continuation de son développement, qu'une juste et sage répartition en soit faite par l'administration.

» Déjà, à plusieurs reprises, la question de construction de quelques édifices publics a été soumise à l'administration ; une halle aux grains a été votée et se construit en ce moment ; on vient aussi d'acheter un vaste terrain pour la construction d'une maison d'école, et le Conseil municipal s'occupe actuellement du projet de la construction d'une seconde église, dont la nécessité est unanimement reconnue.

ÉTABLISSEMENTS PUBLICS.

Ecole primaire communale pour les garçons, dirigée par les frères de St-Joseph.

» Cette école n'est dirigée par les frères de St-Joseph que depuis 8 ans environ.

» Elle compte aujourd'hui 420 élèves, enfants de tout âge. En 1845, époque où elle fut confiée aux Frères, elle n'en comptait que 200 et quelques.

» Cette augmentation considérable est due à la bonne direction de l'école et à l'accroissement de la population.

» Un tiers des élèves sont admis gratuitement, et les deux autres tiers paient.

» La ville fournit le local et donne aux maîtres un traitement fixe de 1,000 fr., en outre la rétribution des élèves payants.

» Voici le tableau des branches d'enseignement dans cette école :

Instruction religieuse,
Lecture (courante et déclamation),
Ecriture,
Grammaire,
Analyse grammaticale,
Id. logique,
Orthographe,
Style,
Géographie,
Histoire Sainte,
Chimie industrielle,
Histoire de France,
Arithmétique (et un peu de mathématiques),
Géométrie usuelle,
Dessin linéaire, académique et lavis,
Arpentage,
Tenue de livres (partie simple et partie double),
Cosmographie,
Physique élémentaire,
Musique vocale.

» Depuis deux ans, le directeur de l'école a commencé un cours de chimie industrielle appliquée aux arts, un cours de physique élémentaire, et un cabinet de chimie pour les principales expériences, et spécialement sur les liquides.

» Le local de l'école, qui est divisé en deux parties, sans aucune cour de sortie pour les enfants, est tout-à-fait insuffisant, et ne permet pas d'avoir des pensionnaires, ni même de recevoir tous les enfants qui se présentent.

» 14 demi-pensionnaires seulement peuvent prendre leur dîné et leur collation dans l'établissement.

» Le Conseil municipal, reconnaissant cette insuffisance, a voté, comme nous l'avons déjà dit, l'acquisition d'un vaste terrain, et s'occupe, en ce moment, d'un projet de construction qui pourra satisfaire, non-seulement aux besoins présents, mais encore aux besoins à venir du pays.

Ecole élémentaire pour les garçons, tenue par M. Loiseau, instituteur privé.

» Cette école reçoit 70 élèves de tout âge.

» L'enseignement y est à peu près le même que dans l'école communale.

» Elle est tenue par un maître et deux sous-maîtres.

» Il n'y a que trois pensionnaires, le local ne permettant pas d'en avoir un plus grand nombre.

» Quoique ces deux écoles soient parfaitement tenues et que l'enseignement y soit aussi étendu que possible ; afin d'éviter aux familles les dépenses que leur cause le placement de leurs enfants dans les villes voisines pour y recevoir une éducation plus élevée, il serait bien à désirer que l'on établît une école primaire du degré supérieur. Cette école serait à peu près suffisamment alimentée par les enfants sortant des écoles actuellement existantes, et elle nous amènerait encore indubitablement un grand nombre d'étrangers. La ville y trouverait donc un double avantage.

ÉCOLE DES FILLES.

Ecole communale dirigée par les dames religieuses de l'éducation chrétienne.

» Cet établissement appartient à la maison-mère de l'éducation chrétienne. Il a été construit depuis environ 7 ans ; il est fort bien situé, et ne laisse rien à désirer tant pour l'agrément que pour la salubrité. Les salles d'études sont spacieuses, les dortoirs et les réfectoirs sont vastes et beaux; partout on respire un air pur et bienfaisant; un joli jardin, une charmille et un verger attenant à l'établissement, offrent aux élèves l'agrément d'une promenade, lorsqu'elles ne sortent pas dans la campagne. Plusieurs cours, commodément distribuées, sont destinées aux récréations.

» La direction de cette école a été confiée aux religieuses de l'éducation chrétienne, en 1837.

» A cette époque, il n'y avait que 74 élèves ; aujourd'hui il y en a 330, dont

» 68 pensionnaires,

» 162 externes,

» 100 élèves gratuites.

» Ces chiffres seuls prouvent suffisamment la bonne direction de l'école.

» 17 religieuses s'occupent des élèves.

» Voici l'enseignement donné :

Etude de la religion,	Histoire sainte,
Lecture,	Id. ecclésiastique,
Ecriture,	Id. ancienne,
Grammaire,	Id. du moyen-âge,
Orthographe,	Id. moderne,
Analyse,	Langue anglaise,
Arithmétique,	Musique vocale,
Tenue de livres,	Id. instrumentale,
Géographie,	Dessin,
Cosmographie,	Danse,
Notions sur l'histoire naturelle,	Travaux manuels en tous genres.
Mythologie,	

AUTRES ÉCOLES PRIVÉES.

» Cinq autres écoles privées existent encore, et comprennent au moins un nombre total de 180 enfants des deux sexes, presque tous depuis le premier âge jusqu'à 7 ans au plus.

» Parmi ces écoles, une s'occupe plus spécialement de l'enfance du premier âge : c'est celle tenue par Mlle Désirée Vardon. Elle compte, à elle seule, 56 enfants des deux sexes ; son local ne lui permet pas d'en recevoir un plus grand nombre.

» Ici nous devons constater un besoin immense et pressant pour la ville de Flers : c'est celui de la création d'une salle d'asile. Si cet établissement existait, nous ne verrions pas les enfants souvent abandonnés à eux-mêmes et exposés à toutes sortes de dangers dans l'intérieur des maisons, ou bien errants dans les rues et sur les places publiques avec d'autres plus âgés, quelquefois corrompus, contracter des habitudes d'oisiveté, de vagabondage et d'autres mauvais penchants, compromettant gravement leur avenir. Au contraire, nous les verrions entourés d'une surveillance et d'une sollicitude continuelles, soumis aux exercices de prières, de jeux, d'études et de divers travaux appropriés à leur âge. Ces enfants se formeraient à des habitudes d'ordre, d'honnêteté et de moralité, et se prépareraient à commencer une bonne et solide éducation. Le séjour dans la salle d'asile leur deviendrait donc très-utile et même agréable, et, de leur côté, les parents, dont les moments sont souvent comptés, pourraient consacrer tout leur temps au travail.

» Le nombre des enfants reçus dans les huit écoles de la

commune s'élève donc à 1,000, et on peut affirmer que plus de 500 n'y sont pas admis, à cause de l'insuffisance des locaux.

BUREAUX DE BIENFAISANCE ET DE CHARITÉ.

» Le bureau de bienfaisance a été établi à Flers en l'année 1834, époque à laquelle la population de Flers atteignait un chiffre moitié moins élevé que celui d'aujourd'hui. A cette époque, plus de cent pauvres de la commune allaient mendier et en faisaient à peu près leur profession. Aujourd'hui, malgré l'augmentation considérable de la population, il ne reste plus que 7 à 8 mendiants de la commune, mendiants de profession et incorrigibles qui ont toujours refusé de se rendre aux exhortations qui leur ont été faites.

» A côté de ce bureau existe un bureau de charité, formé d'une société de 24 dames, avec le concours de M. le curé de Flers.

» Le nombre des familles qui reçoivent des secours est d'environ 200, représentant à peu près 7 à 800 pauvres.

» 80 reçoivent des secours toute l'année, et 120 temporairement.

» Ces bureaux ne possèdent aucun immeuble ; leurs ressources s'élèvent annuellement, en temps ordinaire, de 5 à 6,000 fr. Elles consistent en une rente perpétuelle de 120 fr. par an, provenant d'un legs pieux ; dans le produit de quêtes faites à l'église et de souscriptions volontaires. Dans des temps plus malheureux, tels qu'en 1847, grâce au zèle des personnes honorables qui prêtent leur appui à ces établissements et aux sacrifices que la charité sait s'imposer si à propos, les ressources se sont élevées à plus de 20,000 fr.

» L'administration du bureau de charité et la distribution des secours sont faites par les dames sociétaires.

» La commune est divisée en 19 sections; chaque dame est chargée d'une section particulière, dont elle prend un soin spécial, en visitant elle-même les pauvres et en leur donnant des conseils.

» Une réunion de la Société a lieu tous les mois pour arrêter l'état des dépenses nécessaires à l'exercice du mois suivant, et rendre compte des renseignements recueillis par les sociétaires.

» Les secours sont fournis en aliments, bois, linges, vêtements, instruments pour le travail et médicaments pour les malades; jamais en argent, à moins que l'économie et le bon ordre du nécessiteux ne soient bien prouvés.

» Le bureau possède une lingerie parfaitement approvisionnée, qui est confiée aux soins des religieuses de la Miséricorde. Les draps et les chemises ne sont jamais fournis qu'à titre de prêt aux malades, et aux vieillards débiles seulement.

» Sont exclus des secours du bureau : 1° les mendiants; 2° les personnes notoirement scandaleuses; 3° les individus n'ayant pas trois ans de domicile dans la commune. Cette exclusion n'atteint pas néanmoins les pauvres alités, qui toujours reçoivent des secours.

» Avec cette institution, et malgré le grand nombre d'ouvriers qui se rencontrent dans la localité, nombre qui est considérablement augmenté par la migration continuelle des familles pauvres, arrivant sans ressources dans une ville où elles espèrent trouver du travail, on est parvenu, depuis l'établissement du bureau, à procurer des secours à tous les nécessiteux, et à empêcher les pauvres de la commune d'aller mendier.

» Nous aurions lieu de nous féliciter de ce résultat, si les communes voisines en avaient obtenu un semblable, et nous ne verrions pas la ville de Flers envahie, à jour fixe, par une foule de mendiants inconnus à la localité, étalant effrontément leurs infirmités, le plus souvent simulées; de ces mendiants dont les besoins ne sont jamais connus des personnes qui leur font l'aumône; mendiants par spéculation et par profession, qui s'arrangent beaucoup mieux de cette existence vagabonde que de la vie sédentaire et laborieuse de l'ouvrier sage et honnête.

» En voyant les excellents et précieux résultats de bien-être et de moralité obtenus dans les départements et les villes où la mendicité est interdite, on a peine à comprendre comment une pareille mesure n'est pas généralement adoptée pour éteindre cette mendicité hideuse qui afflige les regards, entretient la démoralisation la plus vile et la plus honteuse, et soustrait l'aumône du véritable pauvre pour la dépenser en orgies, même aux portes de la ville qui l'a fournie.

» Nous sommes heureux de savoir que, d'après la décision prise, dans sa session dernière, par le Conseil général de l'Orne, la mendicité doit être interdite, à partir du 1er juillet prochain, dans tout notre département.

» Espérons donc que cette sage mesure sera exactement et rigoureusement mise à exécution.

» Il nous reste encore un vœu à émettre, lorsque l'état des finances de notre ville le permettra, c'est celui de l'établissement d'un lieu de retraite pour la vieillesse et l'infirmité, et d'un asile pour les cas malheureux et imprévus.

Flers, plus que toute autre ville, à cause de son grand nombre d'ouvriers, le réclame impérieusement. Nous n'entreprendrons pas de développer ici tous les bienfaits d'un pareil établissement; on peut les comprendre en voyant les villes qui en sont dotées.

ÉTABLISSEMENT DES SOEURS DE CHARITÉ.

» La ville de Flers possède un établissement des Sœurs de la Miséricorde, renfermant douze Sœurs exclusivement consacrées au soulagement des malheureux et des malades de la commune. Comme partout, ces religieuses rivalisent de zèle et de dévoûment, se concilient l'estime et les suffrages de toute la population.

» Nous devons cet établissement, fixé à perpétuité, à la générosité et au zèle infatigable de M. Lecornu, curé de Flers, et des personnes charitables qui ont bien voulu l'aider dans cette tâche.

CONSEIL DE PRUDHOMMES.

» La création du Conseil de prudhommes à Flers date de l'année 1848. L'importance et l'accroissement considérable de l'industrie de cette ville et de tout l'arrondissement, en général, rendaient cette institution nécessaire depuis longtemps. En effet, dans un pays où les intérêts opposés des patrons et des ouvriers se trouvent continuellement en jeu, il fallait un tribunal de paix et de conciliation pour prévenir les contestations ou les terminer, en protégeant la légitimité des droits de tous.

» Sa juridiction s'étend à tout l'arrondissement de Domfront.

» Il est composé de douze membres.

» On verra, par le tableau suivant, que ce tribunal comprend parfaitement sa mission :

ANNÉES.	BUREAU PARTICULIER. NOMBRE DES AFFAIRES portées devant le bureau particulier.	conciliées par le bureau particulier.	retirées par les parties avant que le bureau ait statué	non conciliées par le bureau particulier.	BUREAU GÉNÉRAL. conciliées avant jugement.	NOMBRE DES JUGEMENTS en dernier ressort.	susceptibles d'appel.	dont il a été interjeté appel.
1848	73	59	2	12	0	12	0	0
1849	67	55	8	6	1	5	0	0
1850	Le Conseil de prudhommes n'a pas fonctionné.							
1851	79	53	10	14	10	3	1	1
1852 jusq. 1er juin	33	22	5	8	7	1	0	0
TOTAL	252	189	25	40	18	21	1	1

» Il résulte de ce tableau que le nombre des affaires conciliées par le bureau particulier a très-peu varié ; il n'en est pas de même de celles portées devant le bureau général. Ainsi, en 1848, sur 12 affaires qui se sont présentées à ce bureau, toutes ont été jugées ; en 1849, sur 6, une seule a été conciliée ; en 1851, sur 14 affaires, 10 ont été conciliées et 4 seulement jugées ; enfin, en 1852, jusqu'au 1er juin, sur 8 affaires, le bureau général en a concilié 7.

» En somme, sur 252 affaires portées, 230 ont été terminées à l'amiable et 22 seulement ont été jugées ; sur ces 22, 17 ont été jugées pendant les deux premières années de la création du Conseil, et 5 dans les deux dernières années. Cette disproportion vient sans doute de ce que les membres du Conseil d'alors, encore peu initiés à leurs fonctions nouvelles, ne comprenaient pas assez que leur mission devait être toute de conciliation ; aujourd'hui les chiffres prouvent qu'il en est autrement.

» Dans ces divers calculs, nous ne parlons pas des conciliations beaucoup plus nombreuses opérées d'après les avis et l'influence du président et des membres du Conseil.

» Cette statistique établit suffisamment les bons et heureux résultats que la magistrature des prudhommes a produits, et auxquels nous ne pouvons trop applaudir. Nous sommes heureux de constater aussi que l'influence morale des conseillers y a puissamment contribué, et que l'esprit de loyauté et de conciliation des justiciables en a rendu la tâche plus facile.

CHAMBRE CONSULTATIVE.

» Nous possédons aussi une Chambre consultative des arts et métiers, composée de douze membres.

» Cette institution, créée toute dans l'intérêt de notre commerce, est appelée à lui rendre d'importants services.

CAISSE D'ÉPARGNE.

» Une caisse d'épargne a été établie à Flers le 6 décembre 1845, et mise en activité le 5 avril 1846.

» Au 31 décembre, elle comptait 96 déposants, et, en sommes déposées, 40,830 fr.

» Au 31 décembre 1847, le nombre des déposants était de 117, et des sommes déposées, de 45,190 fr.

» Nous ne parlerons pas des années 1848 et 1849, où, à cause des évènements politiques, le chiffre des sommes déposées a été réduit à 6,954 fr.

» L'année 1850 offrait, au 31 décembre, 60 déposants, réunissant ensemble un capital déposé de 10,283 fr.

» En 1851, même époque, il existait 65 déposants, ayant ensemble, en dépôt, 13,997 fr.

» L'année 1852 constate une augmentation notable de déposants et de dépôts.

» Néanmoins, nous avons à regretter que le but de cette institution toute populaire, et créée pour mettre en réserve les plus faibles économies de l'ouvrier, n'ait pas été atteint à Flers, malgré tout le zèle et le concours que ses administrateurs lui ont prêtés. Ainsi, on ne voit pas de dépôts depuis 1 fr. jusqu'à 10 et 20 fr.; les dépôts n'ont jamais guère été au-dessous de 50 fr. et se sont élevés le plus souvent à 100 fr. et 200 fr., but tout contraire de celui que s'est proposé le législateur. Nous le constatons ici, en faisant des vœux pour que cette institution soit mieux comprise à l'avenir.

HALLES, FOIRES ET MARCHÉS.

» Les marchés de Flers sont très-forts, parfaitement suivis et approvisionnés ; ils ont lieu le mercredi de chaque semaine. Ils comprennent les halles aux coutils, les ventes et achats de cotons, halle aux grains de toute espèce, légumes, denrées et divers autres objets de consommation. Un autre marché se tient encore les dimanches, jusqu'à deux heures après midi.

» Il existe douze foires l'année : une chaque mois. A cause des jours pris par les marchés des localités voisines, elles sont toutes fixées au mercredi.

MOUVEMENT DE LA POPULATION.

» Le recensement de la commune de Flers donnait, en 1836, une population de. 4,895

» Le recensement suivant, de 1841, s'élevait à 6,113

» Celui de 1846, à. 7,030

» Enfin, celui de 1851, à. 8,439

» Dans ces chiffres ne sont pas compris les étrangers composant la population dite flottante, qui viennent momentanément se fixer à Flers sans faire de déclaration de domicile, et dont le nombre s'élève au moins à 1,000.

» On voit donc que, depuis 15 ans à peine, la population de Flers a doublé.

» Cette augmentation est loin d'avoir atteint son but, puisque, chaque année, l'extension et le développement du commerce nous amènent un grand nombre d'habitants nouveaux, nombre qui serait plus considérable encore si nous pouvions suffire à procurer les logements qui sont demandés.

» Depuis 1846 jusqu'au recensement de 1851, les naissances ont excédé les décès d'environ 80 par an, soit un total de 400 ; de sorte que 1,004 étrangers sont donc venus se fixer à Flers depuis cette époque.

» Il ne sera pas sans intérêt de faire figurer ici le chiffre des constructions qui se sont faites à Flers, depuis 1846.

» En 1846, il existait 1,201 maisons occupées par 1,588 ménages, ci. . . . . 1,201—1,588

» En 1851, le recensemement constate 1,570 maisons et 1,906 ménages, ci. . . 1,570—1,906

» L'augmentation est donc, pendant un espace de cinq années, de. . . . . . 369— 318

» Soit, par année, 74 maisons bâties.

» Il convient de noter ici que, les années 1848 et 1849 n'ayant pas fourni de constructions à cause des évènements politiques, ce chiffre se trouverait beaucoup plus élevé et pourrait être porté, sans exagération, à 100 maisons par an. »

M. de Vigneral insiste pour la création d'une salle d'asile, qui serait destinée à rendre les plus grands services aux familles d'ouvriers de la ville de Flers. Il engage aussi à faire des efforts pour amener les ouvriers à déposer à la caisse d'épargne.

5e Question.—*Constitution hygiénique et sanitaire de la ville et des environs.*

6e.—*Comparaison des familles agricoles et industrielles sous le rapport de l'aisance, de la moralité, de la santé et de l'instruction.*

7e.—*Influence de l'organisation de l'industrie, par le travail à domicile, sur les mœurs de la population industrielle.*

M. Barbey, médecin à Flers, traite ainsi ces questions :

« J'ai été chargé, Messieurs, de vous donner un aperçu de la constitution hygiénique de la ville de Flers et de ses environs ; j'ai accepté cette mission avec la crainte que, tout en me renfermant dans les limites de la vérité, je ne froisse les intérêts et la susceptibilité de personnes que j'estime. Mais je me souviens de cet adage : « Fais ce que dois, advienne que pourra. »

» Avant de passer en revue la longue liste des causes d'insalubrité qui affligent notre population, je dois rendre justice au zèle et à la bonne volonté du chef actuel de l'administration municipale. Les abus graves que je vais signaler, on peut rigoureusement s'en rendre compte par l'accroissement rapide de cette ville, qui, il y a vingt ans à peine, n'était qu'une chétive bourgade ; par l'état provisoire de l'administration depuis cinq ans, circonstance qui a toujours fait ajourner au lendemain les mesures les plus urgentes ; par l'insuffisance des ressources du revenu public, qui n'ont jamais pu être en harmonie avec les charges et les besoins. En un mot, la véritable cause de l'état stationnaire de cette localité, au point de vue administratif, cause qui exercera longtemps encore sur la santé publique la plus pernicieuse influence, à moins que l'autorité supérieure n'y avise, c'est la coupable division qui s'est manifestée, depuis plusieurs années, au sein du Conseil municipal. En effet, chaque séance simulait une petite guerre entre les conseillers de la partie basse de la ville et leurs adversaires de la partie haute, et *vice versâ*; de sorte qu'elle se terminait inévitablement par un résultat négatif. Cette déclaration une fois faite, je vais dire deux mots de la topographie de Flers.

TOPOGRAPHIE DE FLERS.

» La commune de Flers possède 9,000 habitants, dont 6,000 environ agglomérés au chef-lieu, et 3,000 disséminés dans les hameaux. Sa forme est celle d'un 8 de chiffre ; sa longueur est d'un myriamètre, du nord-est au sud-ouest. Il est des points, dans sa largeur, où elle n'a pas plus d'un kilomètre et demi à deux kilomètres. Son sol est humide et froid ; la qualité en est médiocre, au point de vue agricole ; l'argile et le schiste mou forment son sous-sol; les propriétés en sont très-divisées ; elles sont closes par des haies couvertes d'arbres, qui, avec la nature de terrain, entretiennent un état permanent d'humidité. Les hameaux de Flers, comme tous ceux des communes du canton, se composent, pour la plupart, de mauvaises constructions en bois et en argile. Pendant huit mois de l'année, les habitants de ces tristes réduits étaient comme bloqués au milieu de la boue, et éprouvaient des difficultés excessives dans leurs relations avec le chef-lieu ; mais, depuis quelques années seulement, une partie de ces obstacles ont disparu, grace à quelques chemins vicinaux et aux deux routes qui traversent le territoire de la commune dans ses deux plus longs diamètres.

» La ville de Flers est, sous le rapport hygiénique, très-favorablement située sur un versant à pente douce, tourné vers le sud ; le tiers environ des constructions est au fond du vallon, dans le voisinage de la rivière, et présente des conditions de salubrité bien moins heureuses : j'en dirai bientôt la raison.

» Hormis les deux longues rues bâties sur les deux routes

nationales, et que l'administration municipale n'a pas eu le pouvoir de rétrécir, toutes les autres sont trop étroites, mal alignées, aussi bien celles qui sont pavées que celles qui sont macadamisées ; toutes sont dans un état de malpropreté repoussante ; le nivellement en est défectueux, les ruisseaux n'ont pas de pente, les pavés sont mal assujétis et mal juxta-posés ; il se forme, au bout de quelques jours, de larges godets où s'amassent des flaques d'eau et de boue ; chaque habitant n'est pas astreint à balayer, chaque matin, devant sa maison ; faute d'être surveillé, l'entrepreneur de l'enlèvement des boues se borne à jeter dans son tombereau ce qu'il considère comme engrais. Pour les boues provenant de l'usure du macadam, il en fait très-bon marché ; il les laisse en permanence.

» Les maisons de la partie neuve de la ville sont, en général, en granit. Elles ne sont ni élégantes ni commodes; au moins elles sont solides et offriraient toutes les conditions désirables de salubrité, si on ne s'empressait de les occuper avant leur entier achèvement. Il n'en est pas ainsi des habitations du vieux Flers; elles sont, en général, bâties avec du mauvais schiste ou en torchis, mal fenêtrées; quelques-unes sont au-dessous du sol, par suite des travaux de nivellement. Il en est qui sont insalubres à un tel point, que leur assainissement paraît impossible et devraient être déclarées inhabitables; d'autres sont malsaines, à cause de l'aire du rez-de-chaussée, qui n'est recouverte ni de dalles ni de planches. A cette cause viennent se joindre l'absence d'air et de lumière, le croupissement des eaux ménagères, le voisinage des lieux d'aisance en plein air, l'existence d'un petit fumier que chaque habitant entretient derrière sa maison, autant par malpropreté traditionnelle que pour engraisser son jardin.

» Au bas du coteau, sur la pente duquel la ville est construite, est un cours d'eau dont j'ignore le nom. Pendant l'hiver, son volume est assez considérable pour être utile à quelques branches de l'industrie du pays; mais, dans l'été, ce n'est plus qu'un égout fangeux, d'où s'exhalent des émanations infectes.

» Un peu en aval de Flers, à la hauteur du château, ce cours d'eau va faire sa jonction avec deux autres ruisseaux, et forment la Vère, rivière qui, dans un trajet de 8 kilom., n'a pas d'autre importance que de servir à l'irrigation des prairies et à faire mouvoir quelques moulins à blé. A partir de ce point, elle parcourt une vallée magnifique, connue sous le nom de Vaux-de-Vère; elle alimente, dans une longueur de 4 à 5 kilomètres, 15 filatures de coton, dont quelques-unes sont importantes.

» L'eau destinée aux usages de la vie serait de très-bonne qualité, si les puits n'étaient pas quelquefois gâtés par des infiltrations provenant des ateliers de teinture et de blanchissage. Elle est douce, agréable au goût, inodore; elle contient la quantité de principes salins nécessaire pour la rendre très-potable.

CAUSE D'INSALUBRITÉ.

» Parmi les causes qui influent le plus pernicieusement sur l'hygiène publique, il faut citer, en première ligne, les nombreux établissements de teinture qui sont dispersés dans toute l'étendue de la ville.

» Dans une enquête sanitaire ordonnée par l'autorité supérieure, commencée l'année dernière et restée sans résultat, nous visitâmes plus de 60 ateliers de teinture et de blanchissage, dont pas un n'était exempt du reproche d'insalubrité ; quelques-uns même étaient dans un tel état de malpropreté, qu'ils furent désignés comme devant être fermés. Je dois pourtant reconnaître qu'il en est un petit nombre où l'on remarque autant de soins de propreté que cette industrie en comporte. Dans tous, les résidus des cuves, composés de matières végétales et animales en dissolution, sont déposés, pendant quelques jours, dans de vastes citernes ouvertes ; la plus légère chaleur atmosphérique détermine la fermentation dans ces cloaques. Le réglement de police prescrit de les vider deux ou trois fois la semaine, après dix heures du soir ; il en résulte que chaque fosse, au lieu de borner sa sphère d'infection au voisinage, empoisonne l'atmosphère de la ville entière. L'action des émanations délétères ne finit pas avec la durée de l'écoulement ; elle se prolonge bien plus longtemps, en s'attachant, comme un limon gluant, aux dalles des caniveaux qui la conduisent à la rivière.

» Si les blanchisseries étaient construites avec plus de soin et moins d'économie, les mêmes reproches d'insalubrité ne pourraient leur être adressés. Le chlore, qui est le principal agent de cette opération, est, comme vous le savez, du reste, Messieurs, un désinfectant par excellence ; son action n'est nuisible qu'à ceux qui l'emploient, s'ils ont les organes de la respiration délicats. Néanmoins, il serait bien à désirer qu'à l'avenir, l'autorité supérieure refusât l'autorisation de n'importe quel établissement industriel dans l'intérieur de la ville. Si les commerçants eux-mêmes mettaient quelque prix à la conservation de leur santé et de celle de leur famille, ils prendraient l'initiative de transporter sur le bord de la rivière, en aval de Flers, leurs blanchisseries et leurs teintureries.

» Il existe, au centre de la ville, un certain nombre de bouchers qui abattent le bétail dans un bâtiment dépendant de leur habitation. Cet usage ne doit-il pas être un objet de dégoût pour les habitants du voisinage ? Est-il possible que leur santé ne s'en trouve pas quelquefois compromise ? L'administration devrait donc se hâter de faire construire un abattoir et une halle à boucherie. Jusqu'à ce jour, ce commerce s'est fait sur la place publique, sur des étaux couverts de sang et qui ne sont jamais nettoyés.

» La poissonnerie n'est pas assez surveillée ; la vente du poisson se fait aussi au cœur de la ville. Toutes les semaines, pendant l'été surtout, il s'en achète qui est dans un état de putréfaction commençante ; les vidanges et les débris en sont jetés çà et là, et ne sont enlevés que le lendemain, au passage du boueur. Les bords de la rivière ne seraient-ils pas un lieu plus convenable pour ce petit commerce?

» A la porte de la ville, à moins de cent mètres de la rue la plus populeuse, on a toléré jusqu'à ce jour un clos d'écarrissage. Les environs sont couverts d'animaux abattus; ils y sont enfouis à fleur de terre. Dans ce clos est un chenil, où le maître de l'établissement élève et nourrit un grand nombre de chiens avec les provenances de son métier. Si le vent vient à souffler de ce côté, la partie supérieure de la rue d'Argentan est infectée d'exhalaisons méphitiques.

» Je ne dois pas oublier trois fabriques de colle, dont deux au centre de la population, et l'autre à cent cinquante mètres au plus de la rue de Condé. Ces industries, étant considérées comme insalubres au premier chef, devraient être réléguées loin de toute habitation.

» Le cimetière est placé dans des conditions diamétralement opposées à celles que prescrit le réglement de police sur la matière.

» Autant que faire se peut, ces asiles de la mort doivent être placés au nord des villes ou bourgs, à 100 ou 200 mètres au moins de toute maison habitée. Celui de cette commune est au sud-ouest de la ville ; le vent souffle la moitié de l'année de ce côté, de sorte qu'une partie des courants d'air destinés à renouveler l'atmosphère au milieu de laquelle nous respirons, passe par-dessus le cimetière. Il n'est distant de la rue de Domfront que de cinquante mètres ; il a en outre une fois moins d'étendue que ne le comporte le chiffre de la population.

» Au nombre des causes qui vicient la constitution sanitaire de Flers, je dois signaler les fumiers qui encombrent les cours d'auberges, les puisarts infectes, déversoirs obligés d'un grand nombre de maisons bourgeoises et de tous les cabarets et cafés.

MALADIES.

» L'état d'humidité habituelle de ce pays, l'habitude qu'ont les ouvriers teinturiers et blanchisseurs de travailler les pieds sur des dalles humides ou sur un sol imbibé d'eau, les bras plongés jusqu'au coude dans des cuves pleines d'une solution d'indigo ou de toute autre matière tinctoriale ; les travaux des tisserands dans des caves presque souterraines les exposent inévitablement aux fluxions des mâchoires, à la carie des dents, aux affections aiguës de la poitrine et des voies respiratoires, aux rhumatismes aigus, à la névralgie sciatique. La chlorose est une maladie très-commune chez les jeunes filles que les parents clouent au métier à tisser dès l'âge de douze à treize ans; mais la maladie qui fait le plus de victimes, c'est la phthisie pulmonaire. Le cinquième au moins des décès des adultes est causé par cette cruelle affection. Son excessif développement n'est pas dû seulement aux conditions atmosphériques dans lesquelles vit notre population, les habitudes d'intempérance n'y sont pas étrangères; car, je le dis avec amertume, il est peu de pays où l'on boive à plus large mesure. L'ivrognerie est la honteuse passion des artisans de ce pays; ils se lèvent deux fois la semaine, le dimanche et le lundi, avec le parti pris de rentrer le soir dans un état d'hébétement complet. Par ce coupable emploi du salaire de leur travail, leur bien-être matériel et celui de leur famille n'en sont point accrus. Une maladie bien plus commune qu'aucune autre, c'est la fièvre intermittente; elle règne d'une manière endémique dans les rues basses de la ville. Il est certain mois de l'année où il y a autant de fiévreux que d'habitations. Le sulfate de quinine, n'importe à quelle dose, est impuissant pour combattre cette maladie; le germe persiste, pour se développer de nouveau à la première modification fâcheuse de la température. Pourquoi cette différence entre l'état sanitaire des rues élevées de la ville et les quartiers bas? Ce sont, d'abord, les désavantages attachés aux niveaux trop abaissés, et puis certaines conditions topographiques qu'il serait trop long d'énumérer. Cependant, en dépit des notions les plus vulgaires de l'hygiène publique, l'administration municipale a fait tous ses efforts pour attirer la population dans ces quartiers disgraciés. Aussi certaines affections morbides, qui n'apparaissaient que sous la forme sporadique, revêtent-elles maintenant un caractère épidémique.

» Je vais finir, Messieurs, en émettant une opinion qui

vous paraîtra paradoxale. La ville de Flers, malgré la prospérité incontestable de son commerce, est de toutes les villes de France celle où le paupérisme a atteint le chiffre le plus élevé. Paris passe pour la ville qui renferme le plus d'indigents; ils y sont dans la proportion d'un à huit. Chez nous, la proportion est d'un à sept. Cette misère inouïe doit être attribuée à la précocité des mariages, au grand nombre des enfants qui composent chaque famille, aux vices organiques originels, à l'intempérance, au grand nombres de familles sans ressources qui viennent grossir notre population; de sorte que Flers est comme le Botany-Bey des pauvres-diables et des vagabonds des départements voisins.

» Qu'avons-nous à opposer à tant d'infirmités, à tant de misères? Un bureau de bienfaisance doté de cinquante écus de rentes, un bureau de charité dont les ressources sont si limitées qu'il ne peut venir en aide au quart des nécessiteux, point de dispensaires, point de salles d'asile, point de crèches, point d'hôpital. Devant un pareil état de choses, nous devons espérer que l'administration ne restera pas plus longtemps inactive.»

Plusieurs membres contestent divers points du rapport de M. Barbey.

M. Schnetz dit que M. Barbey a diminué les secours donnés aux pauvres; il ne croit pas que la charité s'exerce nulle part ailleurs plus activement qu'à Flers.

M. Barbey réplique qu'il a voulu dire seulement que les ressources dont on peut disposer sont insuffisantes.

M. Schnetz pense que les ressources suffiraient, et au delà, pour secourir les pauvres de Flers. Ce qu'il y a de déplorable, c'est de voir affluer dans la ville les pauvres des communes voisines, qui viennent grossir la masse des nécessiteux et enlever aux pauvres de Flers une partie des secours qui devraient leur revenir.

Relativement aux chiffres émis par M. Barbey sur le mouvement de la population, l'administration municipale les réfute par les chiffres suivants, dont elle garantit l'exactitude :

1841.—Population			6113
1842.—Naissances,	222—Morts,	142	
1843.—	207—	146	
1844.—	206—	132	
1845.—	216—	116	
1846.—	212—	118	
Total. .	1063	654	
Excédant des naissances sur les morts			409 } 929
Etrangers.			520 }
1847.—Population totale			7042
1847.—Naissances,	231—Morts,	177	
1848.— —	225— —	178	
1849.— —	213— —	159	
1850.— —	237— —	159	
1851.— —	248— —	195	
Total. .	1152	866	
Excédant des naissances sur les morts			286
Etrangers.			1111
Population totale.			8439

Dans le chiffre des morts sont compris les morts-nés et les morts dans les hôpitaux civils et militaires, qui montent à environ 12 par an.

Si on compare le mouvement de la population de Flers avec celui de la France, on trouve :

Pour la France,	**Pour Flers,**	
Décès par habitant, 1 pour 39,6.	Moyenne de 1841-46,	1 pour 50,2.
	Id. 1846-51,	1 pour 44,2.
Naissances par habitant, 1 p. 32,7.	Moyenne de 1841-46,	1 pour 31,2.
	Id. 1846-51,	1 pour 29,8.
Accroissement annuel sur les naissances, 1/194e.	Moyenne de 1841-46,	1/80e.
	Id 1846-51,	1/136e.

Si on prend la seule année 1851, on trouve 1 naissance pour 34 habitants, 1 décès pour 43,7.

La population de Flers dépasse donc encore la moyenne de la France pour le nombre des naissances, et elle reste au dessous pour les morts. Il n'y a donc pas lieu de considérer Flers comme une localité insalubre, tout en reconnaissant l'accroissement qui existe dans le nombre des décès.

Voici la composition, par âge, de la population de Flers :

De 0 à 10 ans, 1925 ;
11 à 20 — 1518 ;
21 à 30 — 1575 ;
31 à 40 — 1353 ;
41 à 50 — 942 ;
51 à 60 — 567 ;
61 à 70 — 356 ;
71 à 80 — 163 ;
81 à 90 — 40 ;
91 à 100 — 4.

Malgré ces chiffres, qui rendent le tableau présenté par M. le docteur Barbey moins effrayant, l'Assemblée reste convaincue que, si l'administration municipale veillait avec plus de sollicitude à l'exécution de certaines mesures de salubrité, si elle écartait de la ville tous les foyers d'infection qu'elle renferme, si, par de sages mesures, elle parvenait à diminuer la fréquentation des cabarets, le chiffre des décès ne tarderait pas à diminuer.

A onze heures, l'enquête est suspendue. — Avant de se séparer, on arrête ainsi l'ordre du jour :

A midi, les autorités de la ville de Flers et les membres de l'Association normande se rendront à la salle de l'exposition, et les diverses commissions chargées d'examiner les produits commenceront immédiatement leur travail. — A trois heures, continuation de l'enquête industrielle. — A six heures, lecture des rapports des divers jurys et distribution des récompenses dans la salle de l'exposition.

Les diverses Commissions sont ainsi composées :

Jury de l'industrie. — MM. Denis, membre du Conseil général des manufactures, président ; Chesneau, chimiste à Rouen ; Guérard-Deslauriers, ingénieur civil ; Charles Baudet, commissionnaire à Flers ; Morière, secrétaire-général de l'Association, rapporteur.

Jury des beaux-arts. — MM. Schnetz, membre de l'Institut, président ; de Caumont, directeur de l'Association normande ; Cte de Vigneral, inspecteur divisionnaire ; Cte de Laferrière, inspecteur cantonal, rapporteur.

Jury des industries diverses. — MM. Barré, de Flers ; Beaumont, architecte à Flers ; de Banville, rapporteur.

A midi, le cortége se rend à la salle de l'exposition, où

il est reçu avec la plus exquise courtoisie par la Commission d'organisation. — Parmi les membres de l'Association nouvellement arrivés, on remarque MM. Mabire et Baudoin, de la Seine-Inférieure, bien connus l'un et l'autre par les progrès qu'ils ont fait faire à l'agriculture dans leur département.

M. de Caumont déclare l'exposition de Flers ouverte. Il adresse, au nom de l'Association, de vives félicitations aux industriels qui ont bien voulu prendre part à l'exposition, et prouver ainsi aux nombreux étrangers qui se trouvent à Flers combien sont importantes et variées les diverses branches d'industrie de cette localité, une des premières de la Normandie par l'importance de son commerce. Il remercie les membres de la Commission d'organisation, qui, grâce à un zèle et à une activité au-dessus de tout éloge, sont parvenus à disposer, en très-peu de jours, avec le meilleur goût, une exposition dont tout Normand peut être fier à bon droit.

Les diverses Commissions procèdent au travail qui leur a été confié. — A trois heures, l'enquête industrielle est reprise dans la salle de la mairie, et la parole est donnée à M. Toussaint sur les questions suivantes du programme :

8.—*Désignation des industries qui alimentent le commerce de Flers ; nombre des établissements, nombre des ouvriers employés par chaque industrie ; salaire des ouvriers ; examen de l'influence que la loi sur les conventions entre les patrons et les ouvriers, en matière de bobinage et de tissage, peut avoir sur cette importante question.*

9.—*Montant de la production des diverses industries ; importance, état et origine des matières premières employées ; transformations qu'elles subissent.*

10.—*Débouchés des produits des fabriques de Flers; commerce d'exportation, son importance et son avenir.*

12.—*Moyens d'assurer le progrès et l'avenir de l'industrie.*

M. Toussaint s'exprime ainsi :

« Messieurs,

» Le commerce de la ville de Flers est alimenté principalement par les produits des filatures de coton de l'arrondissement de Domfront, des départements du Calvados, de la Manche, de l'Eure et de la Seine-Inférieure, et par ceux des fabriques de tissus de Flers, pour les coutils de tous genres; de la Ferté-Macé, pour les toiles de coton et les coutils genre d'Evreux; de Domfront, pour les toiles de chanvre et de lin; de Condé-sur-Noireau, pour les forts-en-diable, retords, reps, croisés et toiles de coton.

FILATURES DE COTON.

» Il existe dans l'arrondissement de Domfront 34 filatures de coton, toutes marchant par l'eau, quelques-unes avec le secours des machines à vapeur. Elles renferment 82,000 broches, la majeure partie en mull-jenny, et peu en continus. Elles emploient environ 1,400 ouvriers de tout sexe et de tout âge; elles produisent annuellement environ 2,200,000 kilog. de coton filé, du n° 6 à 26, en trame ou en chaîne, d'une valeur actuelle de 6,000,000 de francs.

» Le salaire des ouvriers employés dans ces établissements est :

» Pour les enfants de 12 à 15 ans, de 75 c. environ;

» Pour ceux de 15 à 18, de 90 c. à 1 fr. 50;

» Pour les hommes, de 2 fr. 25 à 3 fr. 50;

» Pour les femmes, de 1 fr. à 1 fr. 50.

» Outre ces établissements, dont la majeure partie appartient aux filateurs de Condé-sur-Noireau, il existe, dans l'arrondissement de Vire, 20 filatures hydrauliques. Ces établissements comptent 70,000 broches, produisent 1,900,000 k. de coton filé, d'une valeur de 5,200,000 fr., et occupent 1,200 ouvriers.

» Ces filatures tirent les cotons en laine qu'elles emploient des États-Unis d'Amérique, par le Havre et Caen. Elles trouvent les débouchés de leurs produits dans les fabriques de Flers, de Condé-sur-Noireau, de la Ferté-Macé et de la Mayenne.

» C'est, du reste, à Flers que se traitent presque toutes les affaires en cotons filés de notre contrée : cette ville est le grand marché où, d'une part, toutes les filatures de l'Orne, de la Manche, du Calvados, de l'Eure, et une partie de celles de la Seine-Inférieure, trouvent l'écoulement de leurs produits, et où, de l'autre, les fabricants de Flers, de Condé-sur-Noireau, de la Ferté-Macé et de la Mayenne viennent s'approvisionner de cotons filés.

» La fabrique de Flers consomme annuellement 3,600,000 kilog. de coton filé; 2,700,000 kilog. sont fournis par les filatures des arrondissements de Domfront et de Vire; 900,000 kilog. par celles de la Manche et de l'Eure, de la Seine-Inférieure et du Calvados. Flers reçoit en outre 1,000,000 kilog. de coton filé en consignation, qui sont réexportés dans les fabriques de la Ferté-Macé et de la Mayenne.

TISSUS DE COTON.

» L'industrie du tissage, pour la fabrique de Flers, s'étend dans les cantons de Flers, d'Athis, de Tinchebray, de Messey, de Domfront, de Briouze, de Vassy, de Condé-sur-Noireau, d'Harcourt, de Sourdeval, et même dans la Mayenne.

» Elle compte, dans ces divers cantons, 300 maîtres fabricants, qui occupent environ 12,000 métiers, tous répandus dans la campagne. Les produits de cette industrie peuvent être évalués à 192,000 pièces par an, mesurant 20,000,000 de mètres à peu près, pesant 3,600,000 kilog., et d'une valeur de 17,000,000 de francs.

» Les ouvriers employés peuvent se répartir et leurs salaires peuvent s'évaluer comme suit :

	Nombre d'ouvriers.	Salaires.	
Tissage. Hommes au-dessus de 21 ans.	3,600	—de 1 f. » c.	à 2 f. » c. p^r j^r.
Femmes id.	4,000	» 75	1 »
Jeunes-gens des deux sexes au-dessous de 21 ans.	4,400	» 60	1 »
Bobinage des chaînes. Ouvriers de tout âge et de tout sexe	9,000	» 30	» 50
Bobinage des trames. Ouvriers de tout âge et de tout sexe.	7,000	» 30	» 60
Ourdissage des chaînes. Ouvriers des deux sexes.	500	1 »	1 50
	28,500		

» Les fabriques accessoires de la fabrique de Flers, telles que celles de lames, de rots, d'amidon, de colle, occupent environ 150 ouvriers. Leurs produits peuvent être évalués à 500,000 fr., tous consommés sur les lieux.

» Les apprêts d'étoffes, dont il existe cinq établissements, occupent 50 ouvriers. Leurs salaires peuvent être évalués de 1 fr. 50 à 2 fr. 50 par jour, et les produits à 250,000 fr. par an.

TEINTURES ET BLANCHISSERIES.

» Les teintures et blanchisseries sont au nombre de 87; elles occupent 600 ouvriers, et leurs produits peuvent être évalués à 2,500,000 fr., consommés dans la contrée et exportés dans les fabriques environnantes. Le salaire des ouvriers peut être évalué de 1 fr. 50 à 2 fr. par jour. Les matières premières employées sont : les indigos de l'Inde, dont la consommation peut être évaluée à 72,000 kilog. ; environ 600 caisses, d'une valeur de 1,300,000 fr.; les bois de teinture d'Amérique ; le cachou d'Inde, qui viennent du Havre par Caen ; les chlorures de chaux, les sels de soude, les sulfates de fer et autres produits chimiques des fabriques de Rouen, Caen et Honfleur ; la houille d'Angleterre, venant par Caen, dont la consommation peut être évaluée à 3,000,000 kilog , d'une valeur de 135,000 fr.

» Les blanchisseries suffisent aux besoins du pays.

» Les teintures de Flers et des environs suffisent aux besoins de la fabrique pour les bleus et les couleurs petit teint. Mais il n'en est pas de même pour les couleurs grand teint, telles que les rouges et les lilas, qui sont toutes fournies par les teinturiers de Rouen, et dont la consommation est assez importante pour attirer l'attention des industriels de notre contrée.

» Les cotons chinés ou imprimés, que notre fabrique emploie, étaient, jusqu'en 1851, fournis par les fabriques de Rouen; mais, depuis cette époque, ils reçoivent cette préparation à Flers, et les établissements qui existent peuvent en exporter des quantités importantes pour les fabriques de Laval : cette industrie emploie 100 ouvriers.

» Les amidons et les fécules sont fournis, pour une partie, par trois établissements du pays ; le reste vient de Tours, de Rennes et de Paris. La consommation peut être évaluée à 150,000 fr. par an.

» Les colles animales sont fabriquées, à Flers, presque toutes par les teinturiers eux-mêmes ; les matières premières sont fournies par les tanneurs des environs et de la Bretagne.

DÉBOUCHÉS DE LA FABRIQUE DE TISSUS DE FLERS.

» La fabrique de Flers, dont la production consiste aujourd'hui en coutils à lits, en coutils pour vêtements, en linge de table et toile de coton, trouve le placement de ses produits par toute la France. Le bon marché, la solidité et le bon teint des articles qu'elle produit, lui assurent des débouchés immenses, qui, bien certainement, n'ont pas acquis toute l'importance qu'ils sont appelés à avoir. Les négociants de Flers achètent annuellement pour 3,000,000 de francs des produits des fabriques de la Ferté-Macé, Domfront et Condé, dont ils trouvent le placement en même temps et dans les mêmes localités que celui des articles de Flers.

EXPORTATION.

» L'exportation, qui a été très-importante il y a quelques années, a diminué sensiblement. Ce commerce se fait très-peu directement par les négociants de Flers, mais principalement par l'intermédiaire des négociants de Paris, Rouen, Lyon, Marseille. La réduction que l'exportation a éprouvée tient à plusieurs causes. Ainsi la Belgique, qui, il y a quelques années, tirait de Flers des quantités importantes de coutils pour lits, ayant à cette époque modifié ses lois de douane, nous a fermé ce débouché. L'Espagne, dont les demandes étaient très-importantes, par l'intermédiaire des maisons de Bayonne et de toute la frontière, a également modifié ses lois de douane et ne peut plus rien recevoir. L'exportation se trouve réduite à l'Italie, au Levant, à Alger, aux Colonies françaises, à Haïti ; mais elle ne peut pas être évaluée à plus de 5 à 600,000 fr. par an.

» Quelques essais faits au Brésil et dans les républiques espagnoles ont réussi, parce qu'ils ont été bien combinés, que l'on a expédié de la marchandise dans les goûts du pays pour lequel ils étaient destinés, et que l'on a servi loyalement, tant sous le rapport des prix du métrage que de la solidité du teint. Il est à désirer que ces tentatives soient continuées, et que le Gouvernement cherche à nous redonner, par des traités de commerce, les anciens débouchés qui nous sont fermés aujourd'hui, et à en ouvrir de nouveaux.

» Nous verrions avec plaisir la marque de fabrique rendue obligatoire : cette mesure ramènerait forcément la loyauté dans les transactions avec l'étranger; et nous appelons de tous nos vœux l'organisation du commerce d'exportation de France sur le même pied que celui de l'Angleterre, c'est-à-dire avec des agents à poste fixe sur les principaux marchés du globe, informant les fabricants des variations dans les goûts, dans les modes des peuples parmi lesquels

5

ils habitent, et les mettant ainsi à même de toujours envoyer des articles d'une vente assurée et convenant parfaitement, sous tous les rapports, aux consommateurs auxquels ils sont destinés. C'est le seul moyen pour la France de prendre la place qui lui appartient dans la consommation de l'étranger, et c'est, en particulier, pour la fabrique de Flers que la réalisation de ces idées serait importante, car, nous n'en doutons pas, elle lui ouvrirait des débouchés considérables pour ses tissus.

INDUSTRIES DIVERSES.

» Il existe, dans l'arrondissement de Domfront, plusieurs autres industries importantes. La fabrication des toiles de coton, coutils, rubannerie, tirants de botte, dont le centre est à la Ferté-Mâcé, compte 60 maîtres fabricants, occupant 6,000 métiers, tous répandus dans la campagne et dans les cantons de la Ferté-Macé, Juvigny, Domfront, Messey, Briouze et la Mayenne. Cette industrie peut produire annuellement environ 120,000 pièces, pesant 1,500,000 k., d'une valeur de 6,000,000 de fr.

» Le nombre d'ouvriers employés peut être évalué à 14,000, de tout sexe et de tout âge, et dont le salaire est à peu près le même que celui des ouvriers de la fabrique de Flers.

» Cette fabrique trouve le débouché de ses produits dans toute la France, surtout dans le Midi. Ses coutils rivalisent avec ceux d'Evreux; et ses toiles de coton, qui, par la manière dont elles sont tissées, n'ont pas le duvet désagréable qui couvre les étoffes fabriquées avec cette matière, remplacent les toiles de fil dans la consommation des ouvriers de l'industrie et de l'agriculture.

» Deux fabriques de mèches à quinquet, situées, l'une à la Ferté-Macé, l'autre à Flers, comptent ensemble 30 métiers, occupent une centaine d'ouvriers, et écoulent leurs produits à Paris.

» La fabrication des toiles de chanvre et de lin occupe, dans le sud de l'arrondissement, environ 1,500 métiers ; elle emploie 5,000 ouvriers, et ses produits peuvent être évalués à 10,000 pièces par an, d'une valeur de 1,000,000 de francs. Le principal débouché est dans le midi de la France.

» Six tanneries occupent 50 ouvriers. Leurs produits, qui peuvent être évalués à 400,000 francs par an, se placent à Paris ou sont employés dans le pays.

» Les fabriques de clouterie, serrurerie et quincaillerie, dont le centre est à Tinchebray, comptent maintenant 21 fabricants, qui emploient 600 ouvriers et achètent les produits fabriqués par un nombre considérable d'autres, travaillant pour leur compte personnel. Le nombre total d'ouvriers employés par cette industrie peut être évalué à 3,000. Le salaire est d'environ 1 fr. 75 c. par jour. Les produits de ces fabriques, qui peuvent être évalués à 2,500,000 fr., trouvent leur écoulement dans la consommation locale ; pour la clouterie, dans la Manche et la Bretagne ; pour la serrurerie et la quincaillerie, dans le nord, l'est et le centre de la France.

» La consommation annuelle peut être évaluée comme suit :

» Houilles, venant de Caen.	622,000 k.
» Aciers de Toulouse et de l'Ariége, par Caen	30,000
» Limes d'Alsace, par Paris.	22,500
» Tôle des Ardennes et du Creusot. . . .	150,000

» Fer en verge de fonderie du Nord et de la Haute-Marne. . . . . 260,000 k.

» Fers laminés 312,000

» Fers cassants de la Mayenne. 400,000

» Deux papeteries existent dans l'arrondissement ; mais leurs produits sont peu considérables.

» Une forge importante, celle de Varennes, est en pleine activité; elle occupe 300 ouvriers.

» L'exploitation des carrières de granit est considérable, surtout pour la consommation locale. Les renseignements nous manquent sur le nombre d'ouvriers employés et la valeur des produits.

LOI SUR LES CONVENTIONS ENTRE PATRONS ET OUVRIERS, EN MATIÈRE DE BOBINAGE ET DE TISSAGE.

» La loi sur les conventions entre patrons et ouvriers, en matière de bobinage et de tissage, n'est pas exécutée, ou du moins elle l'est incomplètement dans nos contrées. Cependant son exécution aurait de très-bons résultats pour le prix de la main-d'œuvre, puisqu'elle doit tendre à faire disparaître dans le tissage les différences de longueur de chaînes. Aujourd'hui, tel article qui se paie 30 fr. la pièce, mesure chez un fabricant 160 mètres, et chez l'autre 190 mètres. Cette différence est une perte pour l'ouvrier et un moyen de concurrence entre les fabricants. La loi qui nous occupe ramènerait donc l'égalité entre les fabricants et, par suite, influerait sur le prix du salaire, qui serait toujours basé sur une longueur uniforme. Son application éviterait aussi aux fabricants bien des contestations avec leurs ouvriers. Si elle était plus simple dans ses prescriptions, il est probable qu'elle serait exécutée ; mais elle exige tant d'indications, que les fabricants reculent devant son exécution, qui leur paraît une véritable charge.

» Le paiement au mètre et la longueur de la chaîne, voilà tout ce qu'il faut au tisserand, dont le salaire est toujours en proportion de la quantité de trame employée, lorsque le tissu est bien fait, et de la difficulté d'exécution de l'article qui lui est donné à fabriquer.

MOYENS D'ASSURER LE PROGRÈS ET L'AVENIR DE L'INDUSTRIE DE FLÈRS.

» La question des moyens d'assurer le progrès et l'avenir de l'industrie de Flers est la plus sérieuse et la plus difficile à résoudre de celles dont nous avons à nous occuper.

» En effet, comment indiquer d'avance la marche que les fabricants doivent suivre, non-seulement pour conserver, mais encore pour accroître la bonne position que notre industrie a acquise ? Aussi nous nous bornerons , après avoir examiné rapidement les causes qui ont amené l'industrie de Flers à l'état de prospérité qu'elle a atteint, à tirer de cet examen quelques enseignements utiles pour l'avenir. Il y a 25 ans, la fabrique de Flers était bien peu importante; mais elle produisait de bons articles bien fabriqués, d'une bonne qualité, bon teint; ils étaient recherchés des consommateurs, et, pendant de longues années, les fabricants ont eu de la peine à fournir aux demandes. La fabrique se bornait à des lacets bleus et verts pour pantalons, et à des coutils grandes barres pour lits.

» Vers 1838, de nouveaux articles furent introduits dans la fabrique et lui donnèrent un élan extraordinaire ; nous voulons parler des coutils pour vêtements. Les joncs commencèrent la révolution qui se faisait; puis vinrent les carreaux et tous les coutils pour pantalons et blouses, unis ou façonnés, de toutes nuances. Pendant trois ans, ces coutils façonnés furent très-recherchés ; un très-grand nombre de métiers furent occupés à les fabriquer, peut-être un tiers du nombre total, et des bénéfices énormes furent réalisés par les fabricants. Mais ceux-ci, qui déjà avaient dégoûté les consommateurs des lacets verts par la mauvaise qualité du teint, ne profitant pas de cette leçon, mirent une telle négligence dans la fabrication des tissus fantaisie et dans la teinture des cotons destinés à les fabriquer, que les consommateurs en furent promptement dégoûtés. Deux articles seuls ont survécu : ce sont les joncs et les carreaux bleu et blanc; et cela parce que le bleu a toujours été bon teint, preuve de la vérité d'une des causes principales auxquelles nous attribuons l'abandon des coutils fantaisie.

» Depuis cette époque, quelques nouveaux articles se sont introduits et sont venus combler le vide qu'avait produit l'abandon des coutils de couleur : ce sont les coutils trame sèche, genre d'Evreux; les lacets trois marches, en 1 m. 30 c. de laize; les lacets quatre marches, en 67 c. et en 1 m. 30 c. de large. Quelques maisons s'occupent encore de la fabrication des coutils fantaisie; mais elle est peu importante comparativement à ce qu'elle pourrait être.

» Le passé nous apprend donc que, tant que les fabricants ont livré à la consommation des tissus solides et bon teint, la fabrication s'est accrue d'une manière étonnante; mais que du jour où ils ont abandonné ces principes fondamentaux de la bonne fabrication, ils ont vu leurs articles abandonnés des consommateurs. Fabriquons donc des tissus pour vêtements, solides de teint et de qualité, bien entendu dans la limite du possible, et nous verrons la fabrique de Flers reprendre peu à peu la place qu'elle doit occuper dans la production de cet article ; place que conservent les localités voisines, Condé et Laval ; parce que leurs fabricants ont toujours produit des articles solides sous tous les rapports.

» Nous avons tous les éléments nécessaires ; les ouvriers sont intelligents et ont une aptitude toute particulière pour la fabrication des façonnés. Les eaux sont bonnes pour la teinture ; il ne nous manque peut-être que quelques connaissances chimiques pour devenir de bons teinturiers.

» Espérons donc que l'avenir répondra à notre attente, et que la fabrique de Flers, ne s'écartant plus à l'avenir des principes que nous considérons comme fondamentaux, verra accroître avec rapidité les débouchés de ses produits et sa prospérité. »

Les plus vifs applaudissements prouvent à M. Toussaint avec quel intérêt son travail a été écouté par l'Assemblée. Le commerce de Flers ne pouvait, en effet, trouver un interprète ni plus capable ni plus dévoué.

A 6 heures, les membres de l'Association se rendent de nouveau dans la salle de l'exposition, et les rapporteurs des diverses Commissions sont invités à faire connaîte le résultat de leur examen.

M. Morière, rapporteur de la Commission d'industrie, s'exprime ainsi :

« Messieurs,

» Je n'entreprendrai pas de vous décrire les diverses branches du commerce de Flers et de vous exposer tous les progrès qui se sont opérés dans les industries variées de cette localité si intéressante : MM. Schnetz et Toussaint, en répondant à diverses questions du programme, l'ont fait avec tout le succès que vous pouviez désirer. Je dirai seulement que la Commission regrette d'être limitée dans le nombre des récompenses qu'il lui est permis d'accorder, et que presque tous les industriels qui ont pris part à l'exposition méritent des éloges.

» Je me borne donc à proclamer devant vous les récompenses accordées par la Commission :

Draps.

» *Médaille d'argent.*—M. Châtel-Gauchet, de Vire, pour la belle qualité de ses draps noirs.

» *Rappel de la médaille obtenue à l'exposition de Londres.* — M. J. Juhel-Desmares, de Vire, pour draps fantaisies.

» *Rappel de médaille de bronze.*—M. Michel Witkowsky, de Vire, pour draps bleus.

» *Mention honorable.*—M. Louis Vaudry, de Vire, pour *idem*.

Linge de table damassé.

» *Médaille d'argent.*—Mme veuve Jenvrin-Forget, de Flers, pour la beauté de ses produits, jointe à la modération des prix.

» *Mention honorable.*—M. Jean Pringault, de Flers.

Articles de Flers et de la Ferté-Macé.

» *Médaille d'argent grand module.*—MM. L. Toussaint et S. Mayer, de Flers, pour leurs magnifiques articles d'ameublement, la qualité de leurs produits en nouveautés et leur prix peu élevé.

» *Médailles d'argent 2e module.*—M. Roussel-Pilatrie, de la Ferté-Macé, pour ses coutils à lits, remarquables par leur bon marché et leur excellente qualité. — M. François Coulombe, de Flers, pour la bonne qualité et l'excellente réussite de ses lacets quatre marches, lafettes, forts en diable.

» *Médailles de bronze.*—M. Quillard aîné, de Flers, pour le bon goût de ses articles nouveautés et pour leur bonne réussite. — MM. Diot et Noury, de Flers, pour leurs coutils gris et blancs, trames sèches, trois marches. — M. Pierre Pechard, de Flers, pour la bonne qualité de ses lacets trois et quatre marches. — M. L. Lemarchand, d'Athis, pour ses lacets quatre marches en 70 centimètres.

» *Rappels de mention honorable.*—MM. Lehugeur et Retout, de Flers, pour le bon goût et la diversité des dessins de leurs nouveautés. —M. Rallu-Leconte, de la Ferté-Macé, pour la qualité remarquable d'une toile 4/4.

» *Mentions honorables.*—Mme veuve Delaunay-Larivière, de Flers, pour la variété de ses fantaisies bas prix. — M. Veniard-Vardon, de Flers, pour *idem.*—M. Jean Lecornu, d'Aubusson, pour l'excellente qualité de ses coutils trame sèche, 140 centimètres. — M. Pierre Hébert, de Flers, pour ses lacets quatre marches.

» *Rappel de médaille d'argent.*—M. J.-F. Retout, contremaître chez MM. Toussaint et Mayer, à Flers, pour les services qu'il a rendus à l'industrie de Flers.

Articles de Condé-sur-Noireau.

» *Mention honorable.*—M. Bodin, de Condé, pour ses reps et ses forts en diable..

Apprêts d'étoffes.

» *Médaille d'argent.*—MM. Buffard et Ozout, de Flers, pour la perfection de l'apprêt des étoffes qu'ils ont exposées.

» *Médaille de bronze.*—MM. Ch. Prodhomme et Mahélin, de Flers, pour *idem.*

Métiers à Jacquard, composition de dessins, mise en carte, etc.

» *Médaille d'argent.*—M. Bastin-Souron, de Flers, pour les services qu'il a rendus à ce genre de tissage.

Laines filées.

» *Médaille de bronze.*—M. Vaudry-Bazin, de Vire, pour la perfection de ses laines filées.

Cotons filés.

» *Médailles d'argent.*—M. Sanson, à Clécy, pour la régularité et la force de ses chaînes continues, et surtout pour la bonne filature de ses cotons déchets. — M. Benjamin Vaussard fils, à Beaumontel (Eure), pour la régularité et la force de ses chaînes.—MM. Charles-François Courant et Cie, d'Athis, pour leurs travaux en canette et leurs cotons retords.

» *Médailles de bronze.*—M. J. Duret, de Condé, pour la régularité, la force et la perfection de ses trames. — M. Jacques Guilet fils aîné, du Pont-Erembourg, pour *idem.*

» *Mention honorable.*—M. Jardin, de Mortain, pour la bonne filature de ses trames jusqu'au n° 28.

Cotons chinés.

» *Médaille de bronze.*—MM. Gallet frères jeunes et Cie, de Flers, pour l'établissement sur une grande échelle de l'industrie du chinage.

» *Mention honorable.*—M. Blot, de Flers, pour l'introduction de cette industrie dans le pays.

Cotons blanchis.

» *Médailles de bronze.*—M. Séguin, de Flers, pour la belle réussite de ses cotons blanchis. — M. Jean Bourdon, de Flers, pour *idem.*

Cotons de couleur.

» *Médaille de bronze.*—M. Lepoivre aîné, de Flers, pour ses cotons bleus.

» *Mentions honorables.*—M. Blin (Léon), de Flers, pour son assortiment de cotons de couleurs diverses. — M. Delaunay fils, de Flers, pour *idem.*

Mèches à quinquet.

» *Médaille de bronze.*—Mme veuve Harivel, de Flers, pour l'introduction de cette industrie dans le pays et la bonne confection de ses produits. »

M. le comte H. de Laferrière, au nom de la Commission des beaux-arts, lit le rapport suivant :

« MESSIEURS,

» Vous avez confié à une même Commission l'examen des objets d'art dont vous avez regretté le petit nombre, et l'examen de quelques produits d'autres industries dont la ville de Flers a le droit de s'enorgueillir, car elles sont venues, depuis quelques années seulement, se joindre à ce grand centre de travail, absorbé jusqu'alors exclusivement par la fabrication du coutil, dont le monopole lui appartient.

» C'est au nom de cette Commission que je viens vous présenter ce rapport.

» Deux tableaux de chevalet ont été envoyés par M. Tirard, de Condé : un Caton, prêt à se donner la mort, et un Hamlet, au moment où il tient dans ses mains la tête du bouffon Yorick.

» La Commission, tout en rendant justice à la pensée qui se révèle dans ces deux compositions, préfère le portrait du peintre peint par lui-même, étude plus simple, plus sobre, et qui accuse un certain sentiment dans le dessin. Elle vous propose d'accorder à M. Tirard une médaille de bronze.

» M. Hellouin, de Vire, a exposé une tête de vieillard et deux tableaux de nature morte, qui avaient déjà obtenu une médaille de bronze à l'exposition de Vire, en 1848. La Commission s'est plu à reconnaître dans M. Hellouin une certaine hardiesse et de l'habileté dans l'exécution; mais, vus de près, ces deux tableaux n'ont peut-être pas assez du fini exigé dans ces sortes de compositions, surtout lorsque les proportions en sont aussi restreintes. La Commission, heureuse d'encourager l'étude du dessin dans une ville de fabrique, où il est appelé à donner un nouveau prix à ces mille étoffes de fantaisie, vous propose le rappel de la médaille de bronze décernée, en 1848, à M. Hellouin.

» M. Amiard, de Flers, élève de l'école des beaux-arts et architecte à Flers, n'a point eu le temps de terminer, pour l'exposition, une étude spéciale, et s'est contenté de nous donner le projet d'un théâtre en bois, étude qui a mérité une seconde mention à l'école des beaux-arts. Il y a joint un projet de viaduc de chemin de fer, qui a été jugé digne d'une première mention à l'école des beaux-arts. Nous ne le séparerons pas de M. Le Harivel, de Chanu, élève aussi de l'école des beaux-arts, qui a exposé un projet de fontaine pour la ville de Flers. Toutes ces études annoncent du talent et de l'avenir. La Commission vous propose de ne pas faire moins que l'école des beaux-arts, et d'accorder à MM. Amiard et Le Harivel deux mentions honorables.

» N'oublions pas deux vases de fleurs en bois sculpté pour décoration d'église, exposé par M. Laurent, de Flers, habile ouvrier sur bois, et un pavot, bas-relief en plâtre, de M. Blavy, de Chanu. Nous vous proposons pour MM. Laurent, de Flers, et Blavy, de Chanu, deux mentions honorables.

» La lithographie, la reliure méritent une note toute particulière. MM. Gagnan et Boullay fils emploient 12 ouvriers et font marcher quatre presses. Les reliures en demi-chagrin et en chagrin plein, sorties de leur atelier, ne laissent rien à désirer, et les prix en sont modérés. Vous ne nous désavouerez pas en leur accordant la médaille de bronze dont la Commission les a jugés dignes.

» M. Louis Verraquin, établi à Flers depuis trois ans, a exposé deux voitures : une américaine, forme calèche, et un tilbury. C'est le seul des carrossiers de Flers qui ait envoyé des voitures à l'exposition. Pour encourager l'industrie de la carrosserie dans la ville de Flers, restée si longtemps, sous ce rapport, tributaire des villes voisines, la Commission est d'avis d'accorder à M. Louis Verraquin une médaille d'argent.

» A côté des voitures se placent naturellement les harnais. M. Coisel-Yver en a exposé trois. Celui en plaqué et celui en cuivre sont de bonne forme, et nous ont paru réunir toutes les conditions de solidité ; mais le harnais noir et blanc, tout piqué, est d'une extrême élégance, et nous ne doutons pas que M. Coisel ne puisse en placer un certain nombre de ce modèle, dont le prix est de 130 fr. M. Coisel emploie 5 ouvriers, et vend 50 à 60 harnais par an. La Commission vous prie de lui accorder une médaille en bronze.

» M. Lebrethon aîné, propriétaire des carrières de Laize-la-Ville, nous a envoyé quelques morceaux remarquables. Vous avez dû admirer, comme nous, une table ronde dont les nuances sont très-harmonieuses et d'une veine heureuse. On dirait, comme l'a remarqué M. Victor Schnetz, des groupes de fleurs artistement entrelacées. L'émérite rapporteur de l'exposition de Lisieux, en 1850, a retracé l'histoire des marbres du Calvados qui servaient à la décoration des monuments romains dont on retrouve les ruines à Bayeux et au vieux Lisieux. Sur sa proposition, une médaille d'argent fut accordée à M. Lebrethon, qui a relevé la réputation de nos marbres. Nous sommes heureux de vous proposer le rappel de cette médaille d'argent.

» Permettez-moi de m'arrêter aux pièces de mécanique exposées par M. Chauvin, de Berjou (canton d'Athis). Cet habile ouvrier charpentier a fait, il y a quelques années, une chute qui l'a privé de l'usage de ses membres. C'est sur son lit de douleur qu'il a conçu, qu'il a réalisé le projet d'horloge mécanique qu'il expose aujourd'hui. Ainsi, tout lui appartient : la pensée et l'exécution. La voiture où se traîne le pauvre paralytique est aussi de son invention. Le temps me manque pour vous parler de cette horloge, qui marque les mois, les années. L'explication qu'il en donne lui-même dénote une merveilleuse facilité de calcul. Vous voudrez vous associer, nous n'en doutons pas, à tout l'intérêt que nous a inspiré cet admirable effort d'une intelligence qui, sans le secours d'une éducation première, a tout pris en elle-même. Il y a plus qu'une récompense à donner : c'est une bonne action que nous vous demandons de faire, en accordant une médaille d'argent à M. Chauvin, de Berjou.

» M. Lebellier, qui a obtenu déjà deux brevets et une médaille en bronze en 1849, pour diverses sortes de colle de son invention, vient d'importer à Flers cette industrie utile pour l'apprêt du coutil. Nous vous demandons pour lui le rappel de sa médaille en bronze.

» M. Halbout, qui exerce à Flers l'état de cirier depuis quinze ans, nous a présenté la cire sous toutes les formes, depuis la ruche jusqu'à la cire moulée en cierges. Il joint à son commerce une fabrique de bougies. La Commission vous prie de lui accorder une mention honorable.

» Nous terminerons par les savons exposés par M. Guérard-Deslauriers, de Caen ; c'est un produit nouveau dans notre province, et qu'on ne saurait trop encourager. Le savon de toilette se fabrique à côté du savon de ménage et du savon pour les industries lainières et les teintures. Son bas prix et sa qualité supérieure le recommandent à la fabrique de Flers ; et, pour reconnaître et constater les habiles et si heureux essais de M. Guérard-Deslauriers, nous sommes heureux de demander pour lui une médaille en argent.

» Ici se termine ce rapport, écrit sur des notes prises bien à la hâte. Mais vous tous, Messieurs, qui avez admiré ces divers et si variés produits, vous aurez compris, mieux que je ne pourrais l'exprimer, ce qu'il y a de vitalité, d'intelligence et d'avenir dans notre industrieuse ville de Flers. »

M. de Banville prend la parole, au nom de la Commission des industries diverses.

« MESSIEURS,

« Je viens, au nom de votre Commission, vous faire connaître son opinion sur les différents produits de l'industrie que vous avez soumis à son examen, et, par suite, vous proposer d'accorder aux exposants qui vont vous être signalés, des récompenses graduées suivant l'importance et le perfectionnement de leurs productions.

Industrie métallurgique.

» Nous avons été frappés des progrès immenses que cette industrie a fait dans le pays, notamment depuis dix ans. Elle est maintenant en mesure de soutenir la concurrence avec les autres pays de fabrique et de satisfaire à toutes les exigences.

» M. Huard, fabricant de clous, commune de St-Cornier, canton de Tinchebray, a exposé un assortiment de clous perfectionnés ; mais ce qui a plus particulièrement frappé notre attention, c'est l'introduction dans le pays de la fabrication du clou de zinc, due à M. Huard. Nous avons remarqué la pureté du zinc employé, le fini des clous, la grande variété des formes et des proportions, et nous avons cru devoir les soumettre publiquement à diverses expériences.

» Ainsi, nous avons enfoncé des clous de zinc de différentes longueurs dans le bout d'une souche de vieux bois de chêne ; ils ont pénétré facilement à une grande profondeur et sans flexion. Lorsque nous avons voulu les briser, nous les avons pliés jusqu'à l'équerre et redressés à force de marteau *quinze fois* avant d'y parvenir.

» Nous sommes restés convaincus que cette industrie a beaucoup d'avenir, tant à cause de la qualité du clou que de la grande différence dans les prix, comparés à ceux des clous de cuivre ou de fer galvanisé.

» M. Huard cote ses clous de zinc, pour ponts de navires, à 75 fr. les 100 kilog. ; ceux pour bordage à 90 fr. les 100 kilog., avec une bonification de 10 %.

» La marine s'empressera, infailliblement, d'employer le clou de zinc, surtout parce qu'il est inoxidable à un plus haut degré que ceux de cuivre ou même de fer galvanisé.

» Votre Commission, Messieurs, vous demande instamment de solliciter près du Gouvernement une enquête sur les résultats que pourrait avoir pour la marine l'emploi du clou de zinc ; ce serait un moyen puissant de favoriser cette nouvelle branche de notre industrie.

» Nous avons à vous signaler la supériorité des produits très-variés de MM. Mauduit-Miquelard et Dumaine-Leroi, quincaillers à Tinchebray; leurs productions et les prix de vente sont à peu de chose près les mêmes. Ces fabricants ont exposé des serrures en fer de tous les genres, depuis 25 c. la pièce jusqu'à 25 fr. Toutes les pièces sont, proportionnellement à leur valeur, admirables de précision et de fini.

» Ils ont encore rivalisé dans leurs expositions de serrures en bois, dont les prix, très-modérés, sont depuis 45 c. à 15 fr., selon la grandeur et l'importance de la main-d'œuvre.

» L'un et l'autre ont aussi exposé des productions variées : M. Mauduit-Miquelard, des fiches, des charnières, des carrelets, aiguilles d'emballage et à voile, alènes, pinces brunies, targettes, vrilles variées, chandeliers en fer, piéges;—M. Dumaine-Leroi, des ciseaux de jardinage, vilbrequins, chandeliers en fer, lattes ou pentures, fiches, couteaux variés, aiguilles à voile et emballage, carrelets, vrilles de tous numéros, etc. Tous ces objets sont très-soignés, et à des prix aussi bas que possible.

» M. Mazard, serrurier à Flers, a présenté une serrure de coffre-fort dont la bonne confection et la modicité du prix de vente nous ont paru mériter un encouragement.

» M. Delalande, de la commune de Chanu, canton de Tinchebray, a exposé un grand nombre d'entrées d'armoires en fer et en cuivre polis ; les dessins sont de très-bon goût ; la coupe et le poli ne laissent rien à désirer. Il a présenté aussi bon nombre de serrures bien faites, une tarière en spirale, avec une vis d'appel, qui nous a paru devoir produire de bons résultats.

» Viennent ensuite MM. Besnard et Larose, de Tinchebray, pour leurs serrures, et très-particulièrement pour leurs vrilles perfectionnées avec une intelligence remarquable;

» M. Delarue (François), maire de Chanu, canton de Tinchebray, pour l'exposition d'une grande variété de clous, établie dans de très-bonnes conditions.

Productions diverses.

» M. Maillot, fabricant d'objets de nacre, à Tinchebray, a exposé : 1° des boutons quatre trous de différentes grandeurs, dans les prix de 40 c. jusqu'à 60 fr. la grosse;

» 2° Des boutons à queues, sculptés et non sculptés, du prix de 2 fr. 50 c. à 40 fr. la grosse ;

» 3° Des boutons doubles, sculptés et non sculptés, du prix de 7 fr. jusqu'à 48 fr. la grosse.

Fantaisies.

» 1° Couteaux à papier, sculptés et non sculptés, dans les prix de 5 fr. à 15 fr. la pièce.

» 2° Porte-plumes sculptés, du prix de 1 fr. 50 c. à 3 fr. pièce.

» 3° Des entrées de serrures, du prix de 50 c. à 1 fr. pièce.

» Tous ces objets ont paru à votre Commission, Messieurs, d'un très-bon goût et parfaitement soignés ; nous vous signalons les prix à cause de leur modicité.

» M. Levée, fabricant de peignes, à Tinchebray, a exposé un grand assortiment d'objets de son art ; il emploie l'os, la corne de buffle, la corne et le pied de bœuf. Nous n'avons que des éloges à donner à M. Levée pour les formes variées, le poli et surtout la netteté de la coupe des peignes qu'il nous a présentés.

» M. Huvée (Jean-Baptiste), de Flers, a exposé un modèle de charpente représentant, très-ingénieusement, quatre systèmes de charpente d'une très-bonne exécution. M. Huvée a prouvé par ce travail qu'il connaît parfaitement son état.

» M. Seguin (François), de Flers, fabricant de chasses à tisser, en a présenté une dont il est l'inventeur ; elle est très-bien faite et fonctionne admirablement. Nous pensons qu'elle peut rendre de grands services en simplifiant et en précisant la main-d'œuvre.

» M. Lehoday, chaudronnier à Flers, a exposé diverses pièces de chaudronnerie ; nous avons remarqué un alambic très-bien exécuté, dont le prix de vente nous a semblé peu élevé.

» M. Jacques Jean, fabricant de meubles à Flers, a exposé un secrétaire et une toilette, acajou plaqué. Ces meubles sont très-bien faits ; ils sont surtout remarquables par la qualité du bois et le fini de l'ajustage.

» M. Saffray, fabricant de chaises à Flers, a présenté plusieurs meubles rustiques, tels que corbeilles, étagères, fauteuil. Les formes et les dessins de tous ces meubles sont de très-bon goût; l'assemblage est solide et bienfait.

» En conséquence de l'exposé que je viens de vous faire, Messieurs, votre Commission vous propose de donner aux exposants dont je vous ai signalé les noms : 1° quatre médailles d'argent; 2° cinq médailles de bronze; 3° cinq mentions honorables.

» *Médailles d'argent.*—M. Huard, fabricant de clous à St-Cornier.—M. Mauduit-Miquelard, serrurier à Tinchebray. —M. Dumaine-Leroi, serrurier à Tinchebray.—M. Maillot, fabricant d'objets de nacre à Tinchebray.

» *Médailles de bronze.*—M. Levée, fabricant de peignes à Tinchebray.—M. Delalande, serrurier à Chanu.—M. Mazard, serrurier à Flers.—M. Huvée, charpentier à Flers.—M. Seguin, fabricant de châsses à tisser à Flers.

» *Mentions honorables.*—MM. Besnard et Larose, serruriers à Tinchebray.—M. Delarue, fabricant de clous à Chanu. —M. Lehoday, chaudronnier à Flers. —M. Jacques Jean, fabricant de meubles à Flers. — M. Saffray, fabricant de chaises à Flers.

» La Commission a été généralement très-satisfaite de tous les nombreux produits qui lui ont été soumis ; elle croit devoir rendre publiquement cet hommage à tous les exposants. »

A 7 heures, un banquet, offert par les exposants à l'Association normande, réunissait 200 personnes dans la salle de la halle aux toiles.—Au dessert, plusieurs toasts furent portés dans l'ordre suivant :

A la mémoire de M. Schnetz, qui a tant fait pour la prospérité de la ville de Flers!—*A son fils, M. Philippe Schnetz*, qui se montre son digne continuateur, et qui ne cesse de donner des preuves de sa vive sollicitude pour tout ce qui peut contribuer à la prospérité de cette industrieuse cité ! par M. de Caumont.

A M. de Caumont et à l'Association normande, qui, en tenant chaque année des assises dans divers points de la Normandie, savent vivifier tout ce qu'ils touchent, et contribuent ainsi pour une si large part au progrès de l'agriculture et de l'industrie dans notre pays ! par M. Schnetz.

A M. Girardin, au savant aimable qui sait si bien rendre la science accessible à tout le monde, que nous serions heureux de voir aujourd'hui parmi nous, mais qu'une indisposition en tient momentanément éloigné !—par M. de Vigneral.—Ce toast, accueilli par les bravos unanimes de l'Assemblée, prouve toute la sympathie que l'on éprouve pour l'illustre chimiste de Rouen.

Aux lauréats de l'exposition! Aux organisateurs de la fête! et, en particulier, *à MM. Toussaint et Schnetz !* par M. Morière.

Au nom du bureau de l'Association, M. Morière annonce qu'une récompense en argent est accordée à M. Delaunay, qui travaille, depuis 32 ans, chez le même maître ; et que, par un vote unanime et spontané, une médaille d'argent est offerte à M. Beaumont, architecte à Flers, pour l'activité et l'intelligence avec lesquelles il a conçu et dirigé les travaux de construction et l'ornementation de la salle d'exposition.

A 10 heures on se séparait, en se donnant rendez-vous à Domfront pour le lendemain.

Le Secrétaire-général,

J. MORIÈRE.

Journée du Vendredi 18, à Domfront.

A midi, la séance est ouverte dans la salle du tribunal civil.

M. de CAUMONT, directeur, prie M. CHRISTOPHLE, maire de Domfront, de vouloir bien accepter la présidence de l'Assemblée.

Auprès de lui siégent au bureau : MM. le général RAYMOND ; ROYER de LATOURNERIE, procureur de la République ; RENAULT, vice-président du tribunal civil de Coutances ; le comte d'HALAINES, inspecteur de l'arrondissement ; DENIS, de la Mayenne ; MABIRE, de Neufchâtel ; de ROISSY ; le maire de Bayeux ; le marquis de FROTTÉ ; le comte de LAFERRIÈRE ; le comte Raymond d'AURAY ; Léonce de GLANVILLE ; de VIGNERAL, inspecteur divisionnaire ; le comte de PONTGIBAUD, secrétaire.

Parmi les personnes qui assistent à la réunion, on distingue : MM. LEROY des ACRES, membre du Conseil municipal de Domfront ; MOSSELMAN ; Gustave LEVAVASSEUR ; BAUDOUIN, des Vieux ; LECOUR, de St-Lo ; LOUVEL aîné, directeur de la ferme-modèle de Sault-Gauthier ; de ROCHEFORT ; le comte de NÉDONCHEL ; des ESSARTS ; BIDARD-THIERRIÈRE ; LHÔMER ; LETOUZÉ, juge du tribunal ; JAMET, inspecteur des écoles primaires ; le comte Olivier DOYNEL ; BARRABÉ, &c., &c.

Un grand nombre d'étrangers, dont on n'a pu recueillir les noms, assistent à la séance.

Un orchestre, placé au fond de la salle, fait entendre les symphonies les plus variées pour solenniser l'ouverture du Congrès.

M. le maire de Domfront s'exprime alors en ces termes :

« MESSIEURS,

» Au milieu des difficultés et des embarras de tout genre qui assiégent souvent les positions officielles, ces positions ont cependant des moments heureux. Je le reconnais, puisque c'est à la mienne que je dois l'honneur de porter le premier la parole dans cette circonstance solennelle. Cet honneur je l'ai envié, j'en suis fier.

» C'est donc avec bonheur que j'ouvre les séances d'un Congrès agricole depuis si longtemps désiré dans nos contrées.

» Nous voyons réunis dans cette enceinte des hommes considérables venus de toutes les parties de notre vieille province normande : à leur tête, un éminent personnage, dont le nom est à lui seul la personnification du progrès dans l'agriculture, les arts et l'industrie. Je vois aussi de hauts fonctionnaires et des illustrations que notre pays revendique avec orgueil.

» Je ne veux pas placer ici l'éloge de l'Association normande. Cet éloge est vulgaire; il est dans toutes les bouches, il se répète jusqu'au fond de nos hameaux.

» Heureuses les contrées que vous avez visitées, Messieurs; votre passage a été fécond pour elles ! Vos enseignements, les récompenses par vous décernées ont entretenu l'émulation, et partout donné l'élan et soutenu le progrès.

» La nôtre, Messieurs, vous attendait avec impatience.

» Recevez d'abord mes remercîments pour la ville de Domfront, d'avoir bien voulu la choisir pour le siége de vos séances. L'hospitalité qu'elle vous offrira sera cordiale et empressée. Elle sera moins brillante qu'elle ne le voudrait; mais elle, mais les habitants de ce pays feront assez pour témoigner de leur vive sympathie envers des hommes de cœur, de dévoûment, qui désertent leurs foyers domestique, abandonnent leurs intérêts personnels, et viennent ainsi consacrer leur temps et leur labeur au bien-être de leurs concitoyens.

» C'est là, Messieurs, la vraie fraternité.

» Vous êtes ici, Messieurs, au milieu d'une contrée purement agricole, qui ne connaît de commerce que la vente de ses produits. Vous verrez un sol sur lequel se presse une nombreuse population de mœurs simples et soumise aux lois.

» Ce qu'il lui faut, ce qu'elle veut, c'est le calme, c'est la paix. Le grand fait politique qui s'est accompli, et qui lui fait les loisirs dont elle jouit, lui est resté cher, parce qu'il l'a délivrée des agitations qui inquiétaient son avenir et altéraient le prix de ses produits.

» Sully a dit que l'agriculture et le commerce étaient les deux mamelles de l'Etat.

» Les associations sont les auxiliaires naturels pour féconder ces deux grandes sources de la prospérité publique.

» Notre agriculture, quoiqu'en progrès depuis longtemps, était encore bien inférieure à plusieurs autres parties de la Normandie; mais elle va recevoir de votre présence et de ce Congrès une nouvelle et heureuse impulsion.

» Je ne veux pas, Messieurs, retarder plus longtemps vos utiles communications ni vos travaux : je me hâte de finir; mais je ne puis le faire qu'en vous renouvelant encore, pour les habitants de cette ville et ceux de toute la contrée, l'expression de la reconnaissance la plus vivement sentie. »

Après cette chaleureuse allocution, qui est couverte d'applaudissements, M. le comte d'Halaines, inspecteur de Domfront, se lève et prononce le discours suivant :

« MESSIEURS,

» Ce n'est pas sans quelque timidité que je prends place à ce fauteuil, si souvent occupé par des hommes que des études approfondies et de remarquables travaux ont appelés à l'honneur de vous présider; moi, dont le nom obscur dans la science ne se recommande à vous que par un sincère dévoûment aux intérêts de mon pays, et par le plus ardent désir de concourir avec vous à lui préparer une ère de bien-être et de prospérité. Ces sentiments seront, du moins, pour moi, je l'espère, un titre à votre bienveillance, à l'indulgence du savant illustre qui a bien voulu venir lui-même diriger vos travaux, et de l'inspecteur distingué dont l'activité, aussi éclairée qu'infatigable, a si habilement contribué à rendre cette réunion profitable à l'agriculture, à l'industrie, à l'utilité matérielle et morale de l'arrondissement de Domfront.

» Ce n'est pas à moi, Messieurs, de vous entretenir de l'état de notre agriculture, des améliorations à y introduire, des progrès à encourager. Des bouches plus éloquentes que la mienne, plus habituées surtout à parler le langage de la science agronomique, vous diront ses vices et les voies de perfectionnement dans lesquelles il convient de la faire entrer. Qu'il nous soit, toutefois, permis de jeter un rapide coup-d'œil sur les causes qui ont jusqu'ici retardé son développement.

» Pendant de longues années, le Passais normand a été

privé de communications et de débouchés. Ses habitants isolés, sans rapport avec les autres parties du territoire et même avec les contrées limitrophes, ne pouvaient connaître que des traditions et des procédés transmis de génération en génération. De rares expériences, tentées par des esprits plus curieux et plus avancés, avaient, il est vrai, modifié çà et là quelques méthodes, réformé quelques abus; mais longtemps ces exceptions n'avaient constitué aucun progrès réel dans l'état général de notre agriculture.

» C'est à dater seulement de l'époque où l'ouverture de routes nombreuses a permis aux cultivateurs d'étendre leurs transactions au-delà des bornes connues par leurs pères, que la comparaison de la culture des autres pays avec la leur a introduit dans celle-ci d'heureuses innovations, des améliorations sensibles. Cependant, Messieurs, cet esprit de prudence et de circonspection, parfois excessives, qui caractérise si particulièrement nos populations normandes, leur a fait accepter, je ne dis pas avec défiance, mais avec une extrême réserve, les nouveaux modes de culture que l'on a pu leur vanter. Hommes de pratique plutôt que de théorie, ils ont toujours attendu, pour adopter une méthode, que des résultats, éprouvés à diverses reprises, en aient démontré et en quelque sorte sanctionné l'excellence. Avec une telle disposition, on conçoit que les progrès aient marché lentement; que la routine, puisqu'il faut l'appeler par son nom, ait continué, surtout dans les cantons éloignés, à paralyser les efforts de ceux qui essayaient d'arracher le pays à son joug. Ajoutez à cela la brièveté des baux, les dures conditions des prêteurs d'argent, le peu d'aisance de la plupart des petits cultivateurs, qui les met dans l'impossibilité d'acheter des instruments aratoires plus perfectionnés, de se procurer des engrais coûteux, et vous vous ferez une idée assez exacte des causes qui ont empêché l'agriculture de cet arrondissement d'atteindre, en général, la supériorité à laquelle elle est parvenue ailleurs.

» On ne saurait dire, toutefois, combien la ferme-école de Sault-Gauthier, depuis le peu de temps qu'elle fonctionne, a déjà exercé d'influence sur l'esprit des cultivateurs, avec quel curieux empressement ils viennent la visiter, recueillir les observations des hommes expérimentés qui la dirigent, examiner les nouveaux instruments, étudier les innovations les plus utiles et les plus pratiques.

» Mais, Messieurs, c'est surtout à vous qu'il appartient de donner à l'agriculture de nos contrées une réelle impulsion. Pénétrés, comme vous l'êtes, de la haute et importante mission que vous avez à remplir, forts du bien que vous avez fait partout et toujours, vous pouvez, avec un légitime orgueil, compter ici d'avance sur les effets de votre concours et de votre protection éclairée ! Longtemps, bien longtemps, le souvenir de cette session, consacrée à la solution des problèmes les plus décisifs pour l'avenir de ce pays, vivra dans tous les cœurs ! Ce sera pour vous, Messieurs, une douce récompense de vos travaux, de vos veilles, de votre sollicitude si consciencieuse à sonder nos plaies et à les guérir, à réchauffer partout le zèle, à ranimer tous les courages ; heureux si, pour ma part, à cette époque de transformation et de progrès, où tout homme de cœur doit à son pays, dans la limite de ses forces, le tribut de son intelligence et de ses études, je puis, à l'ombre des hommes éminents qui siégent ici, apporter une faible pierre au monument dont l'Association normande, sous les auspices de son illustre chef, poursuit l'achèvement avec une si incessante et si noble persévérance. »

M. de Caumont, au nom de l'Association normande, adresse ses remercîments à M. le maire, à M. le président du tribunal, à MM. les membres de la Commission, qui ont accueilli avec un empressement si généreux les ouvertures de M. de Vigneral, en les priant de les reporter aussi à la population hospitalière de Domfront, qui a secondé leur impulsion par l'élan le plus sympathique.

Il rappelle ensuite brièvement le but persévérant de l'Association normande, qui recueille tous les documents, qui se plaît à encourager tout effort indiqué, toute tendance d'amélioration, toute recherche des pratiques les plus saines, et termine cette improvisation en remerciant aussi les musiciens de la ville de leur concours harmonieux qui vient donner à la séance un air de fête.

Des notices manuscrites ou imprimées sont remises en grand nombre sur le bureau. Parmi ces dernières, nous remarquons un Traité de l'organisation du crédit foncier remis par M. le directeur du comptoir d'escompte de Saint-Lo ; des notes de M. Patron, de Rouen, sur le même sujet. Nous retrouvons la même question examinée à un autre point de vue par M. Lecour. M. de Glanville place aussi sous les yeux de la Commission les réflexions de M. Vingtrinier sur les sociétés de secours mutuels, et particulièrement sur le réglement de l'*Alliance*, fondée à Rouen en 1850. Cette étude peut être utilement complétée par les Statuts des caisses de prévoyance établies par la Société de la Vieille-Montagne, que dépose à son tour M. Mosselman.

Nous chercherons dans les manuscrits la réponse à la 1re question de l'enquête agricole, ainsi conçue :

Quelle est la nature du sol dans les différents cantons de l'arrondissement ? — Quelle est l'épaisseur de la couche arable ? — Quelle est la nature du sous-sol ?

Le sous-sol, nous dit M. Bazin, propriétaire à Sainte-Honorine, influe beaucoup sur le sol arable, dans l'arrondissement de Domfront particulièrement, parce qu'il est composé de roches, contenant des feldspath, des schistes argileux, des grès quartzeux, dont beaucoup sont en décomposition et donnent au sol arable beaucoup de silice, de l'alumine, de la potasse, de la soude et de la chaux.

Le mauvais temps m'a empêché de parcourir, autant que je le désirais et même le projetais, les campagnes des environs de Domfront et de Flers; mais comme j'ai traversé autrefois, à différentes époques et presque dans toutes ses directions, l'arrondissement de Domfront, et que j'ai pu voir en gros sa constitution minéralogique et géologique, je n'y ai pas, jusqu'à présent, vu aucune roche de chaux carbonatée. C'est donc la silice et l'alumine qui m'ont paru constituer en grande majorité le sous-sol ; et comme les roches granitoïdes, amphiboliques, les schistes argileux et même les grès quartzeux sont les premières en décomposition, les secondes en désagrégation, il en résulte que le sol arable est, comme je l'ai dit précédemment, composé de silice et d'alumine. L'agriculteur a donc besoin de chaux ; c'est ce qui l'oblige à en faire venir d'Ecouché.

Le cultivateur emploie, dans les cantons de Domfront et de Passais, pour amender la terre arable, le produit de la décomposition des roches feldspathiques et amphiboliques. On en extrait, ai-je vu, dans la commune de Saint-Front et, m'a-t-on dit, dans celles de Saint-Brice, Torchamps, Passais et Mantillé.

Comment ces roches amendent-elles la terre arable ?

Les roches feldspathiques l'amendent par la potasse et la soude que contiennent les deux espèces de feldspath qui entrent dans leur composition ;

Les roches amphiboliques, par la chaux que contient l'amphibole.

Le feldspath potassique contient de 14 à 16 % de potasse.

L'autre contient de 10 à 12 % de soude ;

L'amphibole, de 10 à 12 % de chaux.

Ces roches se trouvent dans presque tous les terrains pyroïdes anciens. Il serait à désirer que, partout où elles se trouvent en décomposition, on en employât le produit à l'amendement des terres ; les parties qui ne sont pas désagrégées serviraient, comme sable, à rendre plus perméables les terres trop argileuses ou trop compactes.

La couche arable varie considérablement d'épaisseur : sur les roches en décomposition, et particulièrement dans les vallées, elle est beaucoup plus profonde que n'atteint le soc de la charrue et même la pelle, surtout sur les roches dont la composition est compliquée. Mais, sur le grès de quartz, quoique, dans les différentes parties de la crête qui va de Domfront à Bagnoles, le quartz soit en désagrégation même complète, son produit n'étant que de la silice ou du sable de silice, il en résulte que le cultivateur évite d'atteindre le sous-sol. Il n'y a que le produit de la décomposition du peu de végétaux qui poussent difficilement sur ces roches qui puisse donner une mince couche de terre arable, dont une partie est entraînée par les eaux.

M. de Caumont invite M. de La Tournerie, ingénieur des ponts-et-chaussées, à donner quelques détails généraux sur la composition du sol. M. de La Tournerie fait observer qu'il est nouvellement arrivé dans le pays, et il se borne à confirmer les observations de M. Bazin.

2e Question. — *Quels sont les assolements en usage?*

M. Lhômer, interrogé à ce sujet, indique l'assolement suivant comme étant le plus généralement en pratique :

1re année, sarrasin ;
2e — blé ;
3e — avoine ;
4e et 5e, trèfle ou pré.

M. Denis signale l'inconvénient de deux graminées de suite, qui doivent épuiser la terre.

Quelques cultivateurs pensent qu'ainsi la rotation de cinq années est trop rapprochée pour les trèfles, qui ne prospèrent pas aussi bien qu'autrefois; et voici le nouvel assolement qu'ils ont pris :

1re année, sarrasin ;
2e — blé ;
3e — récoltes sarclées ou vesces ;
4e — avoine et orge ;
5e — trèfle et vesce coupés en vert ;
6e — blé.

Dans ce nouvel assolement, le trèfle ne reparaît que pour 2/3 tous les cinq ans, et le blé gagne une récolte de plus de moitié.

M. Mabire préférerait voir adopter l'assolement suivant :

1re année, sarrasin et vesce ;
2e — blé ;
3e — récoltes sarclées, pois et vesces ;

4e année, avoine ;
5e — trèfle par moitié, et lupuline par l'autre ;
6e — blé ;
7e — sarrasin et récoltes sarclées ;
8e — blé ;
9e — avoine ;
10e — jachère ;
11e — blé.

Ainsi, dit-il, en onze années, on aura 4 blés, 2 sarrasins, 1 trèfle, 2 récoltes sarclées et 2 avoines. Le trèfle, de cette façon, ne reviendra plus trop souvent ; la fumure n'aura lieu que quatre fois; savoir : 2 fois sur les sarrasins, 2 fois sur les récoltes sarclées.

M. Bidard, de Saint-Bômer, à propos du dépérissement du trèfle signalé plus haut, établit une distinction entre les terres où l'on cultive ce fourrage : les unes se fatiguent, tandis que d'autres ont conservé toute leur puissance végétative. Il fait observer aussi que le trèfle vient moins bien dans l'avoine que dans l'orge, parce qu'on fume l'orge et qu'on ne fume pas l'avoine. Quant au sarrasin, il est abandonné par les cultivateurs en progrès, comme étant trop peu productif.

M. de Vigneral demande quelle récolte a remplacé le sarrasin ?—*Réponse :* Le froment et le seigle.

Dans le canton d'Athis, nous dit M. le comte de Laferrière, on a remplacé la partie de sarrasin diminuée par des récoltes sarclées, telles que betteraves, rutabagas, dont l'usage s'est répandu depuis la maladie des pommes de terre.

M. Denis voudrait que le sarrasin ne se fît pas avant le froment. C'est un grain ; par conséquent il use le sol. La meilleure pratique consiste à entremêler les fourragères et les céréales, en fumant la fourragère qui précède la céréale. Au reste, il n'y a pas de principe absolu : c'est sur la qualité de la terre qu'il faut graduer les assolements.

3e Question. — *Quelles sont les plantes cultivées depuis longtemps?—Quelles sont les plantes nouvellement introduites?*

Les plantes nouvellement introduites sont : les betteraves, les choux poitevins, l'ivraie d'Italie, les carottes à collet vert et le rutabaga.

Après quelques essais infructueux, la culture du lin et du colza a été abandonnée dans l'arrondissement de Domfront; elle a mieux réussi du côté de Flers et de Tinchebray, où ces oléagineuses sont encore cultivées.

M. de Caumont demande pourquoi l'on ne cultiverait pas le sainfoin : le sous-sol granitique ne serait pas un motif d'exclusion, puisqu'on le cultive avec succès dans l'arrondissement d'Avranches, dans des conditions du même genre.

M. Barrabé, géomètre expert, croit qu'il pourrait réussir dans les terres profondément remuées, puisqu'un essai dans son jardin a bien réussi.

M. Mabire recommande aux personnes qui voudraient acclimater cette fourragère et en obtenir de bons résultats d'employer de la graine de l'année, et non de deux ans, comme il arrive trop souvent. Les meilleures conditions de terrain pour le sainfoin sont un sol calcaire et léger, parfaitement propre et approfondi par la charrue. La racine de sainfoin est, avant tout, ennemie de l'argile, et meurt dès qu'elle la rencontre.

On obvierait à cet inconvénient par le drainage : telle est l'opinion de M. de Caumont. Cependant il ne conseille l'introduction du sainfoin dans l'arrondissement de Domfront qu'avec les conditions voulues.

M. le général Raymond regrette que la culture du lin soit aussi négligée. Pour alimenter les usines du Nord, on est obligé d'en faire venir de Riga. On demeure ainsi tributaire de l'étranger, tandis que cette culture pourrait être profitable dans les terrains légers du pays.

4e Question.—*Influence de la jachère sur la fécondité du sol ;—des moyens de l'utiliser ;—sa suppression totale.*

M. Lômer a, dans les fermes qu'il exploite, totalement supprimé la jachère.

M. Ch. Bazin la juge indispensable à la fécondité du sol, en ce sens qu'elle mûrit la terre et la prépare.

Il trouve un auxiliaire dans M. Mabire, qui demande une jachère dans un assolement de huit ans. C'est une manière, ajoute-t-il, de placer son argent à 50 %. Le blé vient ensuite plus fort et plus grenu. La jachère permet de faire quatre récoltes sans fumure.

M. Denis, qui professe une opinion tout opposée, cherche à démontrer que la jachère est plus dispendieuse, et que trois récoltes de fourragères produiraient plus de fumier que celui qui est épargné par la jachère.

M. Mabire répond, en citant sa propre expérience. Un tournoi agricole fort intéressant s'engage entre eux sur le terrain de la jachère, et, pour concilier son opinion avec celle de son honorable contradicteur, M. Denis finit par admettre exceptionnellement l'usage de la jachère avec un cultivateur très-intelligent.

M. le comte de Vigneral cite la Flandre, qui, par ses cultures variées et ses labours multipliés, l'a totalement supprimée.

M. le comte de Nédonchel appuie cette assertion.

5e Question. — *Quelle est la forme du labour, sa profondeur?*

Il résulte des témoignages de MM. Lômer et Bazin, que la forme du labourage est en sillons de quatre raies, élevés dans les terrains humides, et plus plats dans les terrains secs.

M. Denis critique cette forme de labourage, qui assèche mal les terres.

M. de Caumont propose, comme modèle à suivre, la méthode suivie à la ferme de Sault-Gauthier, où MM. Louvel ont reconnu l'avantage du labour en planches. Le sillon n'est qu'une vieille routine, et doit être tout-à-fait proscrit en bonne agriculture.

M. Lômer ne se tient pas pour battu, et croit être certain que le sillon est seul praticable dans le pays avec avantage. Il avance qu'il faut plus d'engrais.

M. de Vigneral : Combien en plus ?

M. Lômer : Un tiers environ.

M. Denis se saisit de cet aveu, et indique la manière de faire les planches, usitée dans les plaines du Bessin.

M. Lômer a été sur les lieux pour en faire la comparaison, et soutient que son agriculture est préférable à celle des environs de Bayeux.

M. Mosselman : Les petits sillons n'ont pour objet que l'écoulement des eaux ; en assurant l'égout des terres au moyen de planches bien faites, on reconnaîtrait bien vite la supériorité de ce mode de labourage.

M. Denis : La vieille méthode présente en outre cet inconvénient, qu'on ne peut se servir que de charrues imparfaites pour tracer le sillon, et que le labourage en planches conduit naturellement à l'emploi de l'araire perfectionné.

M. de Caumont : Le colza a popularisé l'habitude de la planche.

M. de Vigneral : La planche a été le résultat immédiat de la substitution de la faulx à la faucille ; on a recherché une surface plane, et l'on a construit la planche.

M. Lômer dit recueillir dix-neuf hectolitres de froment par quarante ares, et se tenir pour satisfait du résultat.

6e Question. — *Quels sont les instruments de culture usités dans le pays, leurs noms, leurs formes et leurs qualités ?*

M. Montembault, juge de paix à Domfront, indique l'ancienne charrue avec avant-train, une grosse herse appelée hâble, et une petite herse, comme les seuls instruments en usage dans le canton de Passais.

Les charrues employées par M. Lômer sont toutes en fer, sans oreilles en bois. Il a introduit nouvellement dans son exploitation une herse double, qui écrase la terre d'une manière satisfaisante.

A la ferme-école, on se sert de l'araire Dombasle, de la herse parallèle et du rouleau squelette. Plusieurs cultivateurs du pays sont venus apprendre à manœuvrer cet instrument et en ont fait faire. La charrue à rouelles se renversait quelquefois sur les terrains inclinés. Ces instruments sont fabriqués à la ferme et parfaitement conditionnés, au prix de 45 fr. pour les charrues et de 36 fr. pour les herses.

7e Question. — *Quels sont les instruments perfectionnés récemment introduits ?*

La réponse à cette question se trouve implicitement comprise dans la solution de la précédente.

8e Question. — *Les terres improductives, faute d'un écou-*

lement suffisant des eaux, sont-elles nombreuses dans l'arrondissement ?

M. le comte de Laferrière répond affirmativement pour le canton d'Athis. Le drainage a été appliqué dans ses procédés les plus simples par des pierrées et des caniveaux. Ce mode d'assèchement, ayant été reconnu profitable, suffit au moins pour résoudre la question en principe.

M. de Caumont fera figurer demain à l'exposition, des tuyaux fabriqués par la machine horizontale de Calla. Leur prix actuel est de 12 à 15 fr. le mille. On arrivera nécessairement à une fabrication plus économique, puisqu'à Paris, où le bois et la main-d'œuvre sont plus chers, on en obtient au prix de 16 fr. La machine donnée par le Gouvernement à l'Association fonctionne maintenant à merveille. La terre était d'abord un peu trop gluante ; mais elle se marie parfaitement avec un mélange de sable fin.

M. Barrabé craindrait que les tuyaux ne fussent brisés par les végétations appelées communément *queue de renard*, et qui envahissent tous les canaux du pays.

M. le comte de Vigneral lui répond qu'on obvierait à cet inconvénient en réduisant le volume des tuyaux, afin que, l'eau s'y écoulant à pleins bords, les végétations devinssent impossibles.

9e Question. — *Quels sont les soins donnés à la préparation et à la conservation des fumiers ?*

Aucuns, en général. Cependant nous trouvons l'agronome de Torchamps faisant partout une heureuse diversion à la routine de ses voisins. Sa fosse à fumier est creusée d'environ soixante centimètres, remplie de terre glaise, qu'il retourne après la première levée d'engrais destinée aux plantes fourragères ; il la charge ensuite de nouveaux fumiers qui serviront aux froments ; puis, mêlant un peu de chaux à cette terre ainsi imbibée de purin, il en fait un compost excellent pour des prairies artificielles et naturelles. Une tranchée qui partage ces fumiers sert à recueillir le purin, qu'on rejette continuellement sur les deux bords opposés. Il a plusieurs fois essayé de faire dresser un hangar au-dessus de ses engrais, pour les mettre à l'abri de la pluie et du soleil, et a été satisfait de cette expérience. Il a soin, en outre, de séparer le fumier des chevaux, qui a plus de vertu pour les plantes sarclées, et qui est aussi plus difficile à conserver. A la ferme-école, les fumiers sont établis sur un terrain nivelé, avec une fosse entre deux ; toute l'enceinte extérieure est garnie des plus longues pailles enroulées à la fourche. Ils sont parfaitement tassés et arrosés de manière à ne pas permettre l'évaporation du purin. M. Denis voudrait qu'ils fussent, de temps en temps, arrosés avec une dissolution de sulfate de fer, pour convertir le carbonate d'ammoniaque en sulfate. En principe, le fumier en contact avec l'eau ne mûrit pas. Il faut un mois pour construire, et un mois pour la fermentation. On obtiendra, par ce procédé, une paille d'une teinte foncée, qui sera macérée, mais non pourrie. Ainsi préparé, le fumier acquiert une grande énergie, tandis que les fumiers, arrivés à l'état de *beurre noir*, perdent soixante-quinze pour cent de valeur, et vingt-cinq pour cent de volume. Les fumiers renfermés dans les étables sont infiniment plus riches que les autres.

10e Question. — *Fait-on usage des engrais commerciaux, tourteaux, noir animal, chiffons de laine, guano ?*

M. Lômer a fait usage du noir animal sur les grains de printemps et sur toutes les plantes hâtives. Il en a été satisfait ;

mais les engrais commerciaux sont souvent fraudés, ce qui détourne le cultivateur de leur emploi. On en a envoyé à Coutances qui n'étaient autre chose que de l'ardoise pilée. Le guano a été essayé aussi par M. Lômer ; mais il préfère le noir animal, qui ne coûte pas plus cher. Il n'a pas été satisfait de l'emploi du tourteau de colza.

M. des Essarts, au contraire, en a obtenu de bons résultats. En employant quinze cents kilogrammes à l'hectare, ce qui équivaut à une dépense de quatre-vingt-dix francs, on obtient un engrais qui agit sur deux récoltes.

M, de Vigneral corrobore le témoignage de M. des Essarts: il a reconnu que le tourteau exerçait une grande influence sur les herbages et les pâturages.

M. de Caumont recommande à ceux qui voudraient faire usage des chiffons de laine de les laisser macérer un peu dans le fumier, afin de pouvoir ensuite les mieux épandre à la fourche.

M. le général Raymond voudrait qu'on eût recours à beaucoup d'éléments chimiques que le commerce pourrait fournir à bas prix, tels que les alcalis et les déjections des abattoirs. Les Anglais, par leur commerce universellement étendu, parviennent, au moyen de détritus de laines et par d'autres agents de différentes natures, à augmenter considérablement le rendement de leurs terres.

M. de Glanville rappelle que M. Girardin a indiqué la manière d'utiliser aussi le marc de pommes, qu'on laisse souvent aigrir, en pure perte, dans les campagnes.

A Grignon, un très-bon système pour améliorer les terres et les herbages consiste à promener un tonneau rempli de purin, au-dessous duquel s'agite le plateau d'une balance qui le répand tout à l'entour sur son passage.

M. le comte de Nédonchel suit à peu près le même procédé pour l'amendement de ses terres en Flandre.

11e Question. — *Emploi des amendements ou des stimulants, la marne, la chaux, le plâtre, les cendres.*

On trouve la marne en petite quantité dans le canton de Passais ; elle agit mécaniquement, mais non chimiquement. Aussi M. Lômer ne trouve-t-il pas cet amendement en rapport avec le travail qu'il exige.

Il n'en est pas de même de la chaux, dont il apprécie l'emploi modéré dans les terres légères qu'il cultive. La chaux cuite au bois, quoique moins pesante, lui paraît préférable à celle que l'on cuit au charbon de terre ; mais ce n'est qu'au bout de 5 ou 6 ans, l'année du blé, qu'on peut en reconnaître l'effet utile. M. Girardin, le célèbre chimiste de Rouen, qui a déjà rendu tant de services à l'agriculture, a reconnu qu'une récolte absorbait trois hectolitres de chaux à l'hectare.

M. Mosselman émet le vœu que l'administration n'accorde pas sans discernement le droit de faire de la chaux. La pierre calcaire doit être, au préalable, l'objet d'un sérieux examen. On a vu, en Angleterre, un pays tout entier frappé de stérilité, parce que la pierre contenait de la magnésie en excès.

M. de Caumont ne partage pas ces craintes pour la Normandie, où la pierre calcaire n'est nullement magnésienne.

M. Mosselman désirerait aussi que celui qui débite la chaux prît note des noms des cultivateurs qui l'emploient et des communes auxquelles ils appartiennent, afin de pouvoir constater l'amélioration qui en résulte.

La préparation usitée pour l'employer consiste à la diviser au milieu du terreau ; on la remue ensuite et on laisse s'opérer la fermentation. Il serait à propos de réformer l'habitude du pays, qui est d'employer simultanément la chaux et le fumier, ce qui amène une décomposition trop active, à moins d'adopter le système de M. Lômer, dont le fumier est un véritable terreau.

L'usage du plâtre n'a pas encore été introduit dans l'arrondissement de Domfront. — On emploie les cendres de la charrée sans mélange pour le sarrasin, et en compost avec le fumier sur les chanvres, dans la proportion de quinze hectolitres à l'hectare. On y ajoute encore six hectolitres de noir animal. On tire cette dernière substance de Paris ou de Pacy-sur-Eure.

12e Question. — *Quel est le mode d'ensemencement du blé? — Quelles sont les variétés préférables?*

Il n'y a, en fait de semoirs, que le semoir à brouette de la ferme-école et celui de M. Lévêque.

Les froments le plus fréquemment mis en semence sont le chicot blanc sans barbe ou le franc-blé barbu. On a essayé aussi le blé de Mascara. M. des Essarts a employé le blé rouge d'Ecosse, qui s'est comporté comme le blé ordinaire.

M. de Caumont en réfère à l'expérience de M. Mabire, qui a obtenu la médaille d'or à Versailles pour l'exposition de ses blés, et qui, par des changements consécutifs, a, depuis vingt-cinq années, toujours obtenu les plus belles semences. Il a expérimenté les blés de Russie, d'Allemagne, de Naples et d'Angleterre. Parmi ceux-ci, les blés anglais ont moins dégénéré. Le spalding, surtout, a merveilleusement réussi en Normandie, en Champagne, en Flandre et dans la Vienne. Celui qui a mérité le prix à Versailles pouvait lutter avec le blé blanc d'Australie. M. Girardin le conseille comme étant le meilleur pour la farine. Il pèse

92 kilog. à l'hectolitre, et n'a pas dégénéré. Une pareille quantité de semence, essayée dans le même champ, a donné les différences suivantes :

Spalding, 28 hectolitres ;

Blé rouge d'Ecosse, 22 *idem* ;

Blé du pays, 11 *idem*.

Parmi les blés à employer pour semence, il faut citer encore le *lama rouge*, originaire de Neubourg, département de l'Eure, et le *vittoria blanc*, qui vient d'Angleterre. Mais il faut bien se garder de semer des blés barbus ; toujours ils ont le grain plus maigre et plus gris. Si, dans la semence, on n'a pas le soin d'avoir une espèce pure, on est exposé à des différences fâcheuses dans l'épiation, la maturation, la qualité et le rendement.

13e Question. — *Comment chaule-t-on le blé ?*

Afin de le préserver de la carie, M. Lômer avait employé l'arsenic et le sulfate de cuivre ou vitriol bleu ; mais il y a renoncé pour employer l'eau de chaux. 4 kilog. de chaux suffisent pour un hectolitre de semence. M. des Essarts a adopté l'eau et le sel; M. Louvel y ajoute de la chaux.

Le procédé Dombasle consiste à chauler avec 140 gr. de sulfate de soude et 2 kilog. de chaux.

14e Question. — *Quels sont les instruments employés pour récolter les grains ?*

On fauche les orges et les avoines ; mais on préfère la faucille pour les froments. Elle offre plus d'avantage pour battre au rouleau et ménage les épis.

Dans les pays de grande culture, la sape est meilleure, parce qu'elle est plus expéditive.

15e Question. — *Quelles sont les précautions prises pendant la récolte contre le mauvais temps ?*

Les bons moissonneurs se bornent à lever la javelle, qu'on lie à quelques pouces au-dessous de l'épi, qu'on a soin de rabattre.

M. Mabire fait la description d'un moyen employé dans la Seine-Inférieure, et qui est un préservatif certain contre l'intempérie des saisons. On lie plusieurs gerbes par le haut, et on les couvre d'une autre gerbe en forme de chapeau renversé. Ce procédé exigeant plus de temps, on donne aux ouvriers une gratification de 2 ou 3 francs par hectare.

16e Question. — *Disposition des bâtiments d'exploitation.*

Les bâtiments d'exploitation orientés, pour la plupart, à l'est et au sud, sont divisés entre eux ; les planchers sont trop bas; les étables sont profondes, mais assez mal aérées.

Malgré l'insalubrité qui semblerait devoir être la suite nécessaire de ce vice d'installation, le pays n'a pas été trop éprouvé par les maladies épidémiques.

Pour en éviter le retour, on donne le conseil aux cultivateurs de renouveler souvent leur litière.

La méthode flamande consiste à charger toujours les anciens lits de paille fraîche, et les auges suspendues par une double crémaillère suivent ce mouvement ascensionnel; mais ce système, exigeant déjà des étables aérées, ne saurait être encore pratiqué avec fruit dans l'arrondissement de Domfront.

A l'exception de M. Lômer, qui bat sa récolte dans la grange, les autres cultivateurs ont l'usage de battre leurs gerbes immédiatement après la moisson.

17e Question. — *Quelles sont les plantes légumineuses cultivées dans l'arrondissement pour la nourriture des bestiaux?*

Les vesces, les betteraves, les carottes et les choux-navets servent à l'alimentation des bestiaux. La maladie des pommes de terre a beaucoup favorisé l'extension de ces diverses cultures.

18e Question. — *Quelle est l'étendue des prairies naturelles, leur mode d'exploitation et leur rendement par hectare?*

L'enquête orale a difficilement établi la proportion entre les prairies naturelles et le sol arable ; nous inclinerons cependant à croire, suivant le témoignage de M. Olivier Doynel, qu'elle peut être fixée au quart. La qualité en est généralement médiocre et le rendement variable. Le minimum serait de quinze cents kilogrammes de foin à l'hectare, et le maximum s'élèverait tout au plus à deux mille cinq cents. Les dessèchements de M. Schuetz, dans son exploitation de Messey, rapportent aujourd'hui sept ou huit cents bottes de foin de cinq kilog., qui ont été vendues cette année 40 fr. les cent bottes ou les cinq cents kilog. pesant.

La disposition des rigoles, pour leur arrosement, laisse aussi beaucoup à désirer.

Une digression sur la manière de traiter les fourrages nous conduit à indiquer le procédé adopté par M. de Beauce, propriétaire dans l'Eure, pour rentrer ses trèfles dans les meilleures conditions. Il en cultive annuellement 40 hectares, et, depuis six années, il a été complètement satisfait de cette épreuve, qui consiste à faucher sans exception de beau ni de mauvais temps, et souvent même lorsqu'il pleut à verse. Il le laisse ainsi sur place depuis trois jusqu'à six jours, jusqu'à ce que les pluies aient discontinué ; puis il le fait retourner et exposer ainsi au soleil, rouler avec le râteau et botteler sur place. Il évite ainsi la déperdition qui résulte d'une manipulation fréquente, et recueille son fourrage à moins de frais.

19e Question. — *Cultive-t-on les plantes textiles et oléagineuses ?*

Le chanvre est cultivé dans la proportion d'un 30e, pour l'entretien de la famille. Cette culture est, en général, plus dispendieuse qu'avantageuse.

On lui consacre toujours le meilleur fonds, et c'est presque toujours la même pièce qui est affectée à cette culture.

Le chanvre est l'objet d'un grand commerce, surtout dans la partie sud de l'arrondissement de Domfront ; et l'importance du commerce peut être, pour la seule commune de Torchamps, de dix mille livres de fil au moins chaque année.

Il résulte d'un relevé officiel, qu'il est fabriqué chaque année, dans les environs de Domfront, et vendu à la halle seule de cette ville, 4,500 pièces de toile, provenant des chanvres récoltés dans la contrée.

M. de Pontgibaud a observé qu'il en était de même en Auvergne, où les chènevières semblent exclusivement consacrées à la culture du chanvre.

20e Question. — *Quelles sont les qualités de poiriers et de pommiers cultivés de préférence ?*

Le poirier et le pommier sont cultivés dans tout l'arrondissement ; les espèces en sont d'autant plus variées que chaque cultivateur adopte de préférence l'espèce la mieux appropriée à son crû.

Au nord de l'arrondissement, on préfère le pommier en plant ; au midi, le poirier est planté en ceinture dans toutes les terres en labour. Le poirier a sur le pommier plusieurs avantages ; il vient presque aussi promptement, atteint à une plus grande hauteur, rapporte plus souvent, donne le double de jus et plus d'alcool, et l'arbre, étant plus vivace, égale la durée de trois pommiers.

Les cidres de l'arrondissement sont, en général, de bonne qualité ; mais comme les terres sont froides et l'atmosphère souvent chargée de brumes, ils manquent d'alcool. Les meilleures espèces de pommes sont : la roussette, la bosc-roger, le gros-cul, la douce-amère et le frequin. Les douze-évêques, après avoir donné énormément, ne viennent plus dans le pays ; les pommes de Vire, dont on estimait la qualité supérieure, ont disparu également. On ne sait à quoi attribuer ce phénomène, qui s'est produit dans tout l'arrondissement.

On n'apporte aucun soin à la fabrication des cidres. On brasse ensemble les espèces précoces et tardives. Le cidre est consommé sur place, comme boisson habituelle. On ne le fait pas bouillir pour le convertir en eau-de-vie. Une grande partie des poirés, au contraire, est employée à ce genre de fabrication ; mais comme le jus des poires est considérablement altéré par l'eau dont on le sature, le rendement en esprit est très-faible. Il faut brûler dix ou douze tonneaux de poiré pour en obtenir un d'eau-de-vie, et l'on se demandera où peut être le bénéfice d'une opération semblable, lorsqu'on aura mis en regard le prix du poiré, qui est de 50 fr. par tonneau, et la valeur du produit fabriqué, c'est-à-dire l'eau-de-vie qui n'excède pas 100 fr.

La moitié du programme de l'enquête agricole étant à peu près épuisée, la séance est levée à six heures et renvoyée à huit heures du soir, pour entendre la lecture des rapports qui ont pour objet de rechercher l'origine de la cité et du château de Domfront, et de traiter en même temps plusieurs questions d'économie pratique et morale.

Séance du soir.

M. Christophlé, maire de Domfront, ouvre la séance. Auprès de lui siégent au bureau la plupart des membres qui le composaient le matin. Parmi les personnes nouvellement arrivées, on remarque M. Schnetz, inspecteur de l'arrondissement ; M. le docteur Ledemé, etc.

M. Renault, inspecteur divisionnaire, captive l'attention de l'Assemblée par la lecture d'une notice sur Domfront, qui est entendue avec le plus vif intérêt. Nous croirions nuire à la valeur archéologique de cet important travail en essayant d'en donner l'analyse ; les annales de la Société française ne tarderont pas d'ailleurs à s'en emparer et à le reproduire en entier.

M. le général Raymond, examinant ensuite la question de stratégie, ne craint pas d'affirmer que Domfront a été la place la plus forte de la frontière normande.

Cette forteresse, nous dit-il, devait, en majeure partie, cette prépondérance au promontoire de rochers escarpés sur lequel elle est assise. En effet, les tours à la Démétrius ne pouvaient être approchées au niveau de celle de la place que du côté du château de Gadron ; mais, après la prise de cette première enceinte, la place était loin d'être réduite à capituler. Il restait à faire un deuxième siége plus difficile encore que le premier, celui du château entouré de précipices et dont les murailles n'étaient accessibles que par un front étroit ; encore fallait-il que l'assiégeant eût, au préalable, franchi un fossé taillé à pic dans le roc.

Pour n'avoir pas à lutter contre de pareils obstacles, on devait convertir le siége en blocus, et Domfront n'avait à craindre que la famine.

L'invention de la poudre changea toutes ses conditions de défense ; aussi ne se donna-t-on pas la peine d'assiéger Domfront par l'isthme de son promontoire : une batterie placée entre Notre-Dame et la sous-préfecture, au lieu qu'on appelle aujourd'hui la *Rouge-Motte*, suffit à démanteler la citadelle. Le donjon seul est resté debout, pour servir d'emblême monumental à la stratégie de nos aïeux !

M. le comte de Laferrière, dont nous regrettons de ne pouvoir insérer avec détail les curieux aperçus archéologiques, nous apprend les noms des premiers habitants de la contrée qui, plus tard, a pris le nom de Passais. C'étaient les Aulerces Diablintes, peuplade celtique.

Ce point géographique établi, il demande aux légendaires les noms des saints missionnaires qui, sous la conduite de saint Avit, pénétrèrent, au VIe siècle, dans les solitudes du Maine et de la contrée de Ceaucé. C'étaient : saint Alnée, saint Auvieu, saint Gal, saint Bômer, saint Fraimbault, saint Constantin, saint Calais et saint Front. Ce dernier, étant parvenu jusqu'à l'extrémité de la forêt d'Andaine, donna son nom à la ville bâtie plus tard sur l'emplacement de sa cellule, *Domus frontis*.

La fondation de l'abbaye de Lonlay, qui remonte à 1025, est postérieure à l'origine du château, dont Guillaume de Jumièges attribue la construction à Guillaume de Bellême (1), qui abattit ce bois de la montagne pour y asseoir *ce château qui se tient si haut*, comme a dit le trouvère Robert Wace en racontant le siége de Domfront par Guillaume-le-Conquérant, en 1048.

(1) Exciso nemore in monte quodam castrum nominis Domfrontem construxerat.

Ce château est réparé par Henri Ier, roi d'Angleterre, et ensuite par Henri II et par Jean-sans-Terre, qui, menacé par Philippe-Auguste, vient s'y établir lui-même le 18 novembre 1203, et date plusieurs chartes du haut de ces tours imprenables.

En 1334, Domfront est confisqué sur Robert III, comte d'Artois, traître envers son roi et son pays.

En 1541, la duchesse d'Alençon le fait encore réparer, ainsi que le constate un précieux manuscrit qui est encore en la possession de M. le marquis de Frotté ; c'est le registre de tous les paiements faits, pendant dix ans, pour la reine de Navarre, duchesse d'Alençon, par Jéhan de Frotté, seigneur de Couterne, surintendant de ses finances.

M. de Laferrière nous montre ensuite, au IXe siècle, Aldric, évêque du Mans, donnant, dans son diocèse, le premier signal des défrichements et du travail agricole, entretenant sur les métairies qu'il fonde à Céaucé, à Champsegré, à Magny-le-Désert et à Couterne, de nombreux troupeaux de chevaux, de moutons, de bœufs et de vaches.

Il compare le taux de l'intérêt de l'argent, aux XIIe et XIIIe siècles, dans diverses provinces. A Domfront, il n'était pas moindre alors de dix pour cent.

Il faudrait citer dans son entier ce recueil, d'une observation toujours fine et intéressante, pour ne pas laisser de regrets derrière soi. Nous mentionnerons encore, en passant, l'ingénieuse hypothèse qu'il a recueillie dans les œuvres de M. Le Prévost, et qui est citée aussi par M. Delisle. Orderic Vital raconte qu'au moment de la bataille de Tinchebray (St-Michel, 1106), les moissons étaient encore vertes, et que le comte de Mortain les fit couper par ses éclaireurs pour donner à manger aux chevaux de la garnison. Or, il y avait longtemps que les céréales devaient être recueillies ; ce ne pouvait être que du sarrasin, puisqu'il n'y avait pas de prairies artificielles.

D'un autre côté, la culture du sarrasin ne paraît pas devoir être aussi ancienne, et nous ne saurions non plus imaginer dans les saisons une perturbation assez notable, depuis cette époque, pour avoir ainsi changé la rotation des diverses moissons. Ici encore le témoignage de M. Delisle nous vient en aide, et servirait presque de conclusion à l'enquête agricole dont nous avons plus haut rendu compte. « Un paysan du XIIIe siècle, nous dit notre savant » compatriote, visiterait, sans grand étonnement, beaucoup » de nos fermes dans leur tenue actuelle. Ce qui peut-être » le frapperait serait un certain accroissement de bien- » être, la suppression des jachères, et surtout l'ouverture » des voies de communication. »

Après cette citation, M. de Laferrière termine ainsi, en s'adressant aux membres de l'Association normande :

« C'est à vous, Messieurs, de décider si l'on doit admettre dans toute son étendue l'opinion de notre docte antiquaire. Nous attendons de vous une juste appréciation du présent et des conseils pour l'avenir. »

Cette dissertation choisie, et qui avait le mérite singulier d'établir un parallèle entre les pratiques de chaque jour consignées, peu d'heures auparavant, au procès-verbal de l'enquête agricole et les pratiques déjà progressives du vieux temps, a été souvent goûtée de l'auditoire, et a justement mérité à son auteur les félicitations du bureau.

Nous louerons aussi M. Debière, pharmacien à Domfront, des saines doctrines qu'il a développées dans ses appréciations pour l'amélioration du sort des classes ouvrières, et nous complèterons son exposé en donnant une hospitalité bien acquise aux lignes suivantes, extraites des considérations présentées par M. Letouzé, juge d'instruction à Domfront.

21e Question. — *Influence de l'esprit religieux sur les mœurs du pays.*

« Cette question n'a, il est vrai, qu'un intérêt purement historique ; mais comme elle se rattache à l'origine de la ville même, j'ai pensé que, sous ce rapport, elle n'était point un hors-d'œuvre indigne de votre attention. D'ailleurs, tout ce qui se rapporte à l'établissement de la religion a droit à votre examen, à votre sollicitude, surtout dans une contrée où l'esprit religieux exerce une si heureuse influence sur les mœurs, sur les liens et le bonheur de la famille. C'est à ce titre, Messieurs, que j'appelle sur la question toute votre attention et les lumières de votre érudition. Oui, Messieurs, et je suis heureux de le proclamer, c'est au sentiment religieux, encore si puissant dans ce pays, que nous devons, parmi les populations rurales surtout, cet esprit d'ordre, cet esprit de paix et de concorde, ces bonnes dispositions qui ont régné parmi nous dans les temps calamiteux qui viennent de s'écouler, malgré les efforts qui ont été faits pour le pervertir; c'est à la même cause, c'est à l'action bienfaisante de la religion que nous devons aussi cette infériorité numérique des affaires criminelles de l'arrondissement de Domfront (1), comparativement aux autres arrondissements, même à ceux qui sont moins considérables en population. Ce chiffre serait bien

(1) Dans l'espace de dix ans, une seule affaire a eu pour conséquence la peine capitale.

moindre encore, il faut le dire, si des habitudes d'intempérance, trop générales dans les mœurs du pays, ne venaient trop souvent égarer la raison et l'intelligence : qu'on nous pardonne cette réflexion, vers laquelle nous a conduit le devoir rigoureux de dire la vérité. Combien de fois n'avons-nous pas eu à constater que tel crime, tel délit, telle infraction à la loi était la suite de l'état d'ivresse, non pas de cette ivresse préparée, calculée par la perversité pour acquérir l'énergie du crime, mais de cette ivresse dans laquelle un malheureux est tombé involontairement, sans avoir eu d'abord la pensée du crime où l'égarement accidentel de sa raison l'a fatalement conduit! Sans doute il en est de même dans plusieurs autres contrées ; mais je déplore cette fâcheuse habitude et les funestes résultats qu'elle entraîne, surtout dans ce pays, où l'esprit des habitants est généralement bon, confiant et obligeant.

» *Agriculture.* — Quant à l'agriculture, je ne pourrais répéter que ce qui a été dit dans l'article du *Journal de Caen*, auquel j'aurais pu seulement ajouter quelques développements, si je n'étais forcé de restreindre mes observations. Qu'il me soit permis cependant d'ajouter que, depuis neuf à dix ans, l'agriculture a fait de notables progrès dans tous les cantons de cet arrondissement, surtout dans ceux de la partie nord ; les voies de communication nouvellement ouvertes sur tous les points ont singulièrement favorisé ce développement. Mais il est un obstacle qui déjà a été signalé, et qui, loin de disparaître, s'accroît nécessairement tous les jours : nous voulons parler de l'excessif morcellement de la propriété. La grande propriété n'est pas celle qui est la mieux cultivée, nous en convenons : l'expérience est là pour le démontrer ; mais il est un juste *medium* en toutes choses, qu'il serait bon de pouvoir maintenir ; et c'est précisément ce qui n'a pas lieu en France.

» Nos commentateurs de la *Coutume de Normandie*, en expliquant la haute pensée politique du législateur d'alors, qui voulait la conservation du patrimoine dans les familles, révélaient une autre pensée salutaire en agriculture. Ils faisaient remarquer que, si la *Coutume* était opposée au fractionnement de la propriété, c'était aussi par la crainte que de trop petites parcelles de terre ne devinssent, en quelque sorte, improductives dans la main du possesseur : *Ne munitiores in partes frustillatim scindantur*.

» D'un autre côté, n'est-il pas vrai que, pour se soutenir, fructifier, prospérer, la propriété et l'agriculture ont souvent besoin de capitaux ? Or tout le monde sait que les capitaux s'éloignent de la petite propriété, loin de lui venir en aide. Si elle trouve à emprunter, c'est à des usuriers avides, cupides, qui ne consentent à ouvrir leur bourse qu'à des conditions très-onéreuses, et dans l'espoir de s'emparer bientôt du sillon du pauvre laboureur.

» *Banques de crédit.*—Les banques de crédit elles-mêmes ne peuvent offrir à la petite propriété ces secours précieux que pourra, dans certaines circonstances données, y trouver la grande propriété, par la raison que la petite propriété, étant excessivement restreinte dans ses ressources, ne pourra satisfaire aux conditions du crédit qui lui sera offert.

» Les spéculateurs, qui cherchent à préconiser outre mesure les banques de crédit, ne partageront peut-être pas notre opinion; mais nous en parlons sans esprit de système; et, tout en applaudissant à l'idée généreuse qui a autorisé ces établissements, nous craignons que la spéculation ne s'en empare, et qu'ils ne produisent pas tous les bons résultats qu'on s'en était promis. Du reste, ne préjugeons rien ; attendons que l'expérience vienne apporter ses lumières sur ce point.

» Si la petite propriété se trouve déshéritée d'une partie des avantages qui sont offerts aux grands établissements agricoles, c'est une raison de plus pour mériter les encouragements des Compagnies savantes qui veulent bien la visiter et lui donner leurs conseils, leurs enseignements. »

M. Blanchetière, de Caen, après avoir décrit, avec autant de goût que d'érudition, les principaux monuments de l'arrondissement, termine cette revue par une étude, pleine d'art, des travaux récemment entrepris par la ville de Domfront, et par des projets d'embellissement qui seraient d'une heureuse application.

Nous laissons parler M. Blanchetière :

« Enfin, Domfront, après avoir construit un presbytère peu gracieux, élève maintenant un hôtel-de-ville, qui paraît conçu sur de larges proportions. Il occupera la place de l'ancien couvent des Bénédictines, et les religieuses vont former un nouvel établissement sur un autre point de la ville.

» L'église St-Julien (de 1747), jusque-là dépourvue de toute espèce d'ornement, a été dotée récemment, à l'intérieur, d'une corniche à modillons, qui rompt très-agréablement la monotonie de ce temple et marque convenablement la naissance de l'arc surbaissé qu'affecte la voûte. Elle imprime à l'édifice un certain cachet artistique qui lui manquait.

» On a aussi, dans ces dernières années, fortement attaqué le roc sur lequel est une des portes de la ville, désignée sous le nom de Porte-du-Château, dans le but de faciliter l'accès de la halle, où il se fait, chaque semaine, un transport considérable de céréales.

» Voilà l'expression des besoins nouveaux. Ce que l'on voulut jadis rendre inabordable, quand l'état de guerre obligeait à chercher des moyens défensifs, on tâche aujourd'hui d'en niveler tous les obstacles. Un chemin viable prend la place d'un sentier escarpé grimpant péniblement sur les flancs d'un rocher abrupt. Et, comme a dit M. de Chênedollé :

La vigne, se mêlant aux pêches empourprées,
Tapisse les vieux murs de ses grappes dorées ;
Et la rose vermeille, au teint éblouissant,
Orne et parfume un sol rougi de tant de sang.

» Il resterait à la ville de Domfront à se rendre propriétaire tant des petits jardins qui entourent les restes de son donjon, que de cette belle ruine elle-même, afin d'en assurer la conservation. On créerait, au pied de ce remarquable spécimen de la maçonnerie romane, une esplanade, qui formerait, sans contredit, un des plus beaux points de vue de la Normandie, avec une promenade plantée suivant le périmètre de la place.

» Le Conseil municipal ferait acte de patriotisme en se rendant peu à peu acquéreur de ces petits jardins, à mesure qu'ils changent de main. La ville, il est vrai, n'est pas riche ; mais la dépense, qui n'excéderait peut-être pas 6,000 fr., serait peu onéreuse, étant, par la nature même de l'opération, forcément répartie sur un grand nombre d'années. Une fois propriétaire de quelques-uns de ces jardins, la ville ferait disparaître les buissons et les mauvaises murailles qui obstruent les abords de son plus intéressant ornement. Aux ruelles chétives et tortueuses se substituerait une belle place, située à 200 pieds à pic audessus de la Varenne, et qui attirerait de nombreux admirateurs.

» Cette promenade, d'autant plus précieuse que la ville n'en possède aucune, pourrait même contenir quelque jour, au pied du donjon, le commencement d'un petit jardin botanique, comme en possèdent la plupart des chefs-lieux d'arrondissement.

» Les constructions qui embarrasseraient l'accès de cette place seraient, pour l'avenir, frappées d'alignement à la manière ordinaire, sur un projet régulièrement arrêté.

» A défaut même du Conseil municipal, ne serait-il pas beau, de la part de quelque personne aisée du pays, sinon d'accomplir cette œuvre, au moins d'en commencer l'exécution? Ce serait là un acte glorieux et qui ne saurait manquer de réunir les encouragements de tout le monde, les secours de toutes les autorités, même ceux de l'Etat, qui aime à coopérer à tout ce qui tend à sauver de la destruction les monuments qui décorent et illustrent le sol français et le font aimer; qui enfin consacre, à bon droit, tous les ans, des sommes considérables à la conservation des monuments historiques. Car il n'est pas donné à notre siècle de créer les richesses de ce genre; il a seulement la mission de les conserver. Or, quel monument est plus historique que le château de Domfront? Bâtie dès le commencement du XIe siècle, cette forteresse, illustrée par tant de siéges, fut la demeure de personnages fameux. Elle devint la retraite de l'impératrice Mathilde, fut le berceau de l'aïeule de saint Louis (1), et, plus tard, le théâtre des luttes de l'in-

(1) Eléonore, reine de Castille.

fortuné duc de Montgomery. Et cependant le fragment qui subsiste,

> Debout, inébranlable et beau de vétusté,

est d'une solidité telle qu'il ne demande ni restauration ni entretien. Il a seulement besoin d'être protégé contre les coups que pourrait lui porter un intérêt individuel mal compris, et d'être dégagé de l'entourage indigne qui l'enveloppe tellement que le touriste ne sait par quelle voie s'y rendre. »

M. de Caumont, séduit par la perspective de l'esplanade proposée autour du vieux château par M. Blanchetière, demande à M. Christophle de vouloir bien apporter son concours à l'exécution de ce projet, qui donnerait effectivement beaucoup de relief à la ville.

M. Christophle énumère en peu de mots les nombreux sacrifices que le conseil s'est déjà imposés, les charges extraordinaires qu'il a courageusement acceptées et qui pèsent encore sur le budget municipal ; mais, cependant, confiant dans le patriotisme éclairé de ses collègues et puisant une force nouvelle dans son désir de rendre à la cité une physionomie plus belle et plus régulière, il prend l'engagement de déblayer les abords du château, si M. de Caumont, de son côté, appuyant sa requête auprès du gouvernement, en obtient un subside qui dédommage ses concitoyens de leurs efforts laborieux.

M. de Caumont serait heureux de pouvoir, par sa sollicitude pour la ville de Domfront, reconnaître l'accueil empressé que l'Association normande a trouvé dans son sein, et promet de seconder son premier magistrat dans toutes ses démarches pour couronner dignement les œuvres qu'elle a exécutées et qui ajouteront encore à l'éclat de son nom historique.

Des applaudissements unanimes se mêlent à ces paroles si bien senties et si cordialement exprimées de part et d'autre, et la séance est levée à dix heures et demie.

Le Secrétaire,

Cte César de PONTGIBAUD.

Journée du Samedi 19 Juin.

RAPPORT DE LA VISITE A LA FERME-ÉCOLE DE SAULT-GAUTHIER, PENDANT LE CONGRÈS DE L'ASSOCIATION NORMANDE A DOMFRONT.

« Le samedi 19 juin, dès le matin, M. de Caumont, directeur de l'Association normande, accompagné des inspecteurs et des membres de cette Société, ainsi que d'un grand nombre d'étrangers et de propriétaires du voisinage, se rendit à la ferme-école de Sault-Gauthier, située à 5 kilomètres de Domfront.

» Un temps couvert et pluvieux cachait à nos yeux le magnifique panorama que l'on découvre en suivant la route nouvelle qui conduit de Domfront à Bagnoles-les-Bains.

» Quelquefois le ciel paraissait s'éclaircir ; nous cherchions alors à apercevoir, soit cette immense vallée qui commençait à notre droite au village de Saint-Front, pour s'étendre jusque bien au-delà de Lassay ; soit, à notre gauche, ces verdoyantes prairies arrosées par la Varenne, ces jolis coteaux traversés par la route qui se dirige vers la Ferté-Macé, et qui disparaît bientôt au milieu des arbres qui l'ombragent et des inégalités de terrain qu'elle franchit. Bientôt des travaux de défrichement, des plantations nouvelles heureusement mariées aux pins de l'ancienne forêt, quelques roches laissées pour souvenir au milieu des gazons qui remplacent l'improductive bruyère, vous indiquent l'approche de la ferme-école.

» Nous entrâmes dans une large allée bordée de fleurs et de plantes potagères ; elle était fermée par une barrière qu'un jeune élève venait d'ouvrir aux visiteurs attendus. Quelques minutes après nous entrions dans la cour de l'établissement, où nous étions gracieusement reçus par MM. Louvel frères, directeurs de l'établissement.

» La ferme-école de Sault-Gauthier est située à l'entrée de la forêt d'Andaine; les terrains qu'elle occupe ne sont point entièrement défrichés.

» L'étendue de la propriété est de 240 hectares, savoir : 70 hectares en labour, 50 hectares en prairie, 120 hectares en bois, dont le défrichement se poursuit avec activité.

» MM. Louvel ont fait l'acquisition de ce domaine il y a quelques années. On ne songeait guère alors à créer à Sault-Gauthier la ferme-école de l'Orne. Les nouveaux propriétaires, avant de commencer le défrichement, cherchèrent d'abord un emplacement où pût être construite une maison pour le fermier, avec les bâtiments nécessaires à l'exploitation des terres qui seraient mises en culture.

» Au milieu de ce sol partout humide et marécageux, recouvert de bruyères, de buissons et de quelques bouquets de bois, on trouva une source d'une eau pure et abondante sur le versant de la montagne, et c'est là que s'élèvent aujourd'hui les vastes constructions de la ferme-école. Que de travaux étaient nécessaires pour assainir et dessécher le sol! On ouvrit des tranchées profondes au milieu des rochers et des fondrières. Plus de trois mille mètres de pierre y furent déposés, et, par une canalisation souterraine heureusement pratiquée, les terrains supérieurs furent assainis et les eaux utilisées pour l'irrigation des terrains inférieurs.

» La situation de la ferme-école nous a rappelé celle de nos anciennes abbayes. Puisse-t-elle prospérer comme elles! Puisse-t-elle, en répandant parmi ces populations religieuses la bonne doctrine agricole, changer les rudes conditions de leurs labeurs!...

Cour et bâtiments.

» La cour de la ferme est vaste, entourée des bâtiments d'exploitation, qui forment une longueur de 300 mètres et peuvent être calculés sur une moyenne de 7 mètres en largeur.

» Tous ces bâtiments ont été construits depuis le 31 décembre 1850, à l'exception de la salle d'étude actuelle, qui doit être démolie pour être construite en face de la maison de maître.

Maison.

» La maison d'habitation, située au levant, est assez grande; une vaste salle attenant à la cuisine sert de réfectoire; à côté du réfectoire se trouve un petit salon. Au premier, plusieurs chambres sont occupées par le directeur et sa famille. En sortant de la maison, à droite, se trouvent la source et un abreuvoir pour les bestiaux,

Ensuite commencent les bâtiments qui composent l'aile droite.

Hangar.

» Un vaste hangar où l'on range les charrettes, les rouleaux, les coupe-racines.

Etables.

» Les étables pour les vaches viennent ensuite. L'étable principale est un peu basse, les ouvertures sont très-espacées ; elle est pavée, et toutes les eaux s'écoulent à l'extérieur dans une fosse couverte. Elle est toujours tenue avec une propreté irréprochable. Chaque animal a sa crèche et son râtelier. Il y a pendant la nuit un élève de garde. A la suite des étables se trouve la porte d'entrée de la ferme.

Porcherie.

» De l'autre côté, on construit les étables pour les porcs ; les dispositions en sont bonnes. Il y a une cour fermée de murs pour laisser courir les animaux, une mare pour les baigner. Ces bâtiments composent l'aile droite.

Salle d'étude.

» En face de la maison d'habitation, on voit construire la salle d'étude. Viennent ensuite les bâtiments de l'aile gauche, qui comprend plusieurs distributions.

Ecurie.

» A l'extrémité ouest se trouve l'écurie; elle est bien disposée et peut contenir environ douze chevaux, séparés par des barres volantes garnies de paillassons. A côté de l'écurie se trouve un passage qui conduit au jardin.

Magasin des instruments.

» De l'autre côté du passage, on rencontre un appartement où l'on range les charrues, les herses, les semoirs, et qui sert en même temps de sellerie. Cet appartement est toujours parfaitement en ordre.

Dortoir.

» Le dortoir se trouve au-dessus de l'écurie et du magasin des instruments ; on y monte par un escalier extérieur.

» Chaque élève a un lit en fer, garni d'une paillasse, un matelas, un traversin, recouvert d'un couvrepied vert. A la tête du lit, le nom de l'élève est écrit sur un carton. Les lits sont éloignés les uns des autres ; les fenêtres sont nombreuses, et l'air est facilement renouvelé. Le dortoir est bien tenu; le réglement de l'école y est affiché.

» M. Amiard, surveillant-comptable, a son appartement à l'extrémité du dortoir ; il surveille facilement les élèves par les ouvertures ménagées entre sa chambre et le dortoir.

» A côté de la sellerie, il y a plusieurs étables pour isoler les animaux malades ou ceux que l'on prépare à la vente, un petit hangar et la laiterie.

Laiterie.

» La laiterie se compose de trois pièces : un vestibule, en face de l'endroit où l'on dépose le lait; à gauche, une pièce où l'on façonne le beurre et les fromages pour l'usage de la maison. La laiterie est chauffée à l'eau bouillante ; la température ne varie pas. Les vases pour contenir le lait étaient tirés autrefois de la fabrique de Gers.

» MM. Louvel ont fait usage, depuis quelque temps, de

vases en zinc. Ils ont reconnu que, dans les vases en zinc, ils obtenaient un cinquième de crême en plus.

Vases en zinc, vases de Noron.

» L'usage des vases en zinc a été recommandé par M. Villeroy. Cependant quelques personnes croient que l'emploi des vases en zinc peut être dangereux, et elles donneraient la préférence aux terrines évasées et peu profondes de la fabrique de Noron.

» La cour de la ferme forme un carré long. Elle ne se trouve jamais encombrée, car chaque chose est à sa place ; et, à tel moment que vous arriviez, vous trouvez partout cet ordre, cet arrangement extérieur qui est le symbole d'une agriculture raisonnée et profitable.

» Après avoir fait connaître les bâtiments de la ferme, nous allons rendre compte de notre visite dans les étables, la porcherie, l'écurie ; de notre examen des fumiers, des récoltes, des travaux de dessèchement, des prairies naturelles, du jardin, de l'instruction théorique et pratique donnée aux jeunes élèves.

» Nous profiterons de cette étude pour faire ressortir la différence énorme qui existe entre la culture de la ferme-école et celle du pays. Nous espérons que les cultivateurs voudront bien écouter avec bienveillance les courtes observations que cette investigation nous permet de leur adresser.

» Nous regrettons de n'avoir pas connu assez tôt, pour y répondre immédiatement, l'observation qui a été faite : « Pourquoi, disait-on, se donner tant de peine pour obtenir des produits abondants dont on ne peut obtenir » l'écoulement ? »

» L'abondance des produits du sol n'appauvrit pas le

cultivateur. Il y a encore en France bien des malheureux qui ne consomment ni viande ni pain. Mais tous les produits du sol reviennent à un prix élevé à celui qui les produit. Nous voulons, par l'instruction, apprendre au cultivateur à produire beaucoup à peu de frais : alors on aura réuni l'aisance et l'abondance.

» Produisez avec économie en travaillant avec intelligence ; variez vos récoltes, et vous serez riche en vendant vos denrées à bon marché.

» Les années de cherté ont ruiné la France sans enrichir ses cultivateurs. En 1847, par exemple, l'achat des blés étrangers a fait sortir de France plus de 200 millions. De 1815 à 1841, on a introduit des blés étrangers pour une valeur de 460 millions.

Caractère et but de la ferme-école.

» Le but et le caractère de la ferme-école est d'instruire les cultivateurs et de former des travailleurs pour prévenir le retour de ces mauvaises années.

» D'après le décret relatif à l'enseignement agricole, la ferme-école est une exploitation rurale conduite avec habileté et profit, et dans laquelle les apprentis exécutent tous les travaux, recevant, en même temps qu'une rémunération de leur travail, un enseignement agricole essentiellement pratique.

» Ainsi, d'une part, culture fructueuse, et par conséquent exemplaire ; de l'autre, enseignement pratique de l'agriculture : voilà le double caractère de la ferme-école.

» Quant à son but principal, il consiste à former d'habiles cultivateurs praticiens, capables soit d'exploiter avec intelligence leur propriété, soit de cultiver la propriété d'autrui comme fermiers, métayers, régisseurs, soit enfin de devenir de bons aides ruraux.

» Suivons l'ordre de cette définition. La culture de la ferme-école est-elle fructueuse, et par conséquent exemplaire ? — Les élèves y reçoivent-ils un enseignement pratique ?

» Les faits que nous avons recueillis vont répondre.

Nature du sol et du sous-sol.

» Examinons, d'abord, quelle est la nature du sol et du sous-sol de la ferme-école.

» M. Bachelier, de Ste-Scolasse, fondateur du cabinet de géologie de Mamers, nous a donné sur ce point les notions suivantes :

» Le sol arable de la ferme-école est le produit de la désagrégation de la roche de quartz qui constitue le sous-sol; plus le produit de la décomposition des plantes qui ont végété dans la silice. Il a peu d'épaisseur, sauf quelques rares exceptions.

» Le produit de la désagrégation du grès est, d'une part, du sable de quartz, plus une espèce d'argile. Cette argile, partout où elle se trouve, rend le sol très-peu perméable. Quelques parties de la crête sont marécageuses ; la vallée l'était entièrement avant les desséchements.

» La roche de quartz, qui constitue le sous-sol, domine parfois le sol. Cette roche est appuyée sur des schistes argileux, qui, partout où je les ai vus, sont en décomposition : au sud, de Couterne à St-Front ; au nord, sur la route de Flers, en descendant la côte de Domfront, avant et après la Varenne.

» Dans ces schistes sont des roches en décomposition ;

elles laissent à nu de la potasse, de la chaux, de la soude, qui ont une grande utilité pour l'accroissement des plantes. Aussi, dans le village de Saint-Front, en extrait-on des quantités considérables.

» Ce produit serait excellent pour l'amendement et l'augmentation du sol arable de la ferme de Sault-Gauthier et de toute autre semblable. Les parties non décomposées, mais à l'état de sable grossier, mêlées avec le sous-sol, le rendraient plus perméable. Il est utile d'y ajouter de la chaux. Les limites de ce travail ne me permettent pas de traiter cette importante question du chaulage des terres dans l'arrondissement de Domfront (1).

Assainissement.

» Le sous-sol imperméable, dont parle M. Bachelier, a nécessité, comme nous l'avons déjà dit, d'importants travaux d'assainissement au moyen du drainage en pierres.

» Toutes les parties imperméables non encore assainies vont être soumises aux mêmes travaux. Un vaste réservoir a été creusé dans la vallée pour recueillir toutes les eaux et les utiliser ensuite pour les irrigations.

Drainage avec les pierres.

» Il était impossible d'ouvrir à travers les roches d'étroites tranchées; il fallait se débarrasser des fragments des roches brisées. MM. Louvel ont exécuté avec ces matériaux

(1) Nous prions nos lecteurs, qui voudraient acquérir sur ce point des idées exactes, de consulter une remarquable *Notice sur la nécessité et l'emploi de la chaux en agriculture*, et publiée par M. J Lemarchand, membre de la Société d'Agriculture d'Avranches. On peut se la procurer chez M. Rostain, imprimeur, rue des Fossés, à Avranches.

leurs travaux de drainage. Observons qu'en agriculture on est, avant tout, obligé de subir la loi du sol.

» Le procédé employé à la ferme-école en est la preuve, car ce mode de drainage n'est pas le meilleur; et en voici la raison :

» Dans les terrains ferrugineux ou argileux, les eaux, colorées par la présence du fer, forment un dépôt qui finit par obstruer les interstices des pierres. Les racines des plantes s'introduisent peu à peu, et rendent le relèvement des pierres inévitable. L'eau, au contraire, s'écoule rapidement par les tuyaux ; et, lorsque l'on a soin de mesurer la grandeur ou le nombre des tuyaux au volume d'eau à écouler, les eaux, resserrées dans le tuyau, entraînent au fur et à mesure les dépôts formés par les matières minérales.

» MM. Louvel ont fait le mieux possible ; ils ont purgé leur sol de toute humidité nuisible. Que les propriétaires qui se trouvent dans des conditions analogues suivent leur exemple; ils feront bien, très-bien. Que ceux qui peuvent drainer sans rencontrer des rochers emploient les tuyaux en terre cuite; ils feront encore mieux.

Machines à fabriquer les tuyaux.

» Il y a des machines à fabriquer les tuyaux à Alençon, à Argentan, à Nonant, à Putanges; il y en a auprès de Caen. Il y a lieu d'espérer que le drainage, ce principe le plus fécond de toutes les améliorations agricoles, sera bientôt généralisé parmi nous.

Effets du drainage.

» Les terrains drainés ou desséchés deviennent perméables comme les terrains calcaires ; ils se cultivent comme eux dans toutes les saisons, et produisent des plantes qui ne pouvaient précédemment y arriver à maturité. Grace au drainage, la chaleur et l'humidité, ces deux agents indispensables de la végétation, se trouvent réunis dans des proportions convenables à la surface du sol et dans les couches inférieures. Je citerai, pour exemple, un fait :

Culture du lin en Irlande.

» L'Irlande succombait sous le poids de ses misères ; le drainage, en changeant la nature du sol, lui a ouvert la production du lin.

Les terrains drainés.

» Habile à saisir tous les moyens de s'affranchir du tribut des étrangers, le gouvernement anglais a dépensé des sommes énormes pour ce travail ; et bientôt, grace à l'immense étendue des terres que l'Irlande pourra consacrer à cette plante agricole et manufacturière, elle deviendra peut-être une des plus riches provinces du Royaume-Uni.

M. Gomart, de St-Quentin.—Instruction sur la culture du lin.

» M. Gomart, de St-Quentin, a publié une Instruction sur la culture du lin en France. Cette notice sera imprimée dans l'*Annuaire de l'Institut des Provinces* de 1852. Nous engageons tous les cultivateurs éclairés à se la procurer.

» Ce que l'Irlande a pu faire, la France doit le faire, et alors nous ne serons plus réduits à importer de l'étranger des millions de kilogrammes de lin pour alimenter nos fabriques du Nord.

Assolements alternes.

» MM. Louvel n'ont pu encore suivre un assolement régulier ; mais, ayant rendu saines leurs terres humides et pouvant, par conséquent, cultiver un grand nombre de plantes, ils pensent, avec raison, pouvoir adopter en principe l'alternat des récoltes, ou la succession continue de plantes différentes entre elles par leur nature.

» Nous partageons cette opinion. L'alternat des récoltes permet de maintenir le sol dans un état constant de fertilité, de propreté, de production.

» M. Lômer, de Torchamp ; M. Bidard, de St-Bômer, nous ont parlé des assolements du pays. M. Mabire a proposé d'adopter un assolement long, dans lequel il fait entrer *un petit bout de jachère.*

» Nous ne refuserons pas à notre spirituel collègue la jouissance de ce petit trésor qu'il défend avec tant d'amour, parce qu'il lui donne les récoltes les plus belles. Mais nous connaissons la passion moins heureuse d'un grand nombre de cultivateurs pour la jachère primitive et séculaire, et nous cherchons à restreindre, autant que possible, cette ennemie de l'amélioration agricole.

Suppression de la jachère.

» En principe, on doit supprimer la jachère. La jachère n'est pas nécessaire pour accroître ou maintenir la fertilité et la propreté du sol.

» La terre ne se repose jamais ; pendant les mois de jachère, elle produit constamment des plantes nuisibles de diverses espèces.

» La stérilité que l'on remarque dans les terres n'a point pour origine la lassitude du sol; elle vient de deux causes :

» La première, de ce que les récoltes enlèvent au sol une quantité d'engrais supérieure à celle que vous lui restituez ;

» La seconde, de ce que vous ne variez point vos récoltes. La terre alors devient stérile pour les plantes de la même famille, tandis que des plantes d'une famille différente trouveraient dans le sol tous les éléments utiles à leur végétation.

» Voyez les forêts, voyez les prairies ; la nature varie leurs produits, mais elles ne cessent pas de produire. La jachère est une mauvaise invention de l'ignorance et de la paresse.

Variétés des plantes.

» La science nous vient en aide et nous dit : chaque plante, selon son espèce, puise dans le sol les principes qui lui sont utiles.

» Si les plantes se nourrissent de principes différents, puisés dans le sol, elles doivent se succéder sans se nuire.

» Parmi les plantes soumises à la culture, les unes salissent le sol ou l'épuisent, d'autres le nettoient ou le tarissent.

» Conformément à ces principes, nous avons vu à la ferme-école des plantes épuisantes succédant à des plantes améliorantes, des plantes nettoyantes succédant à des plantes salissantes.

» Il y a peu de cultivateurs dans l'arrondissement qui cultivent avec cette entente. L'homme qui travaille tout le jour ne peut pas prendre un livre quand il rentre harassé ; souvent même, nous a-t-on dit, il ne sait pas lire.

» Peut-être, lorsqu'il saura qu'à sa porte on fait mieux que lui ou autrement que lui, il ira voir. On le fait déjà.— Qu'y verra-t-il ? Travailler des enfants qui lui expliqueront, dans leur simple langage, ce qu'ils font, ce qu'ils apprennent !...

Ignorance et instruction agricole.

» Quel est l'homme qui n'écoutera pas avec plaisir la voix d'un enfant doux et instruit ? Eh bien ! ce cultivateur ou ce simple ouvrier qui maudissait sa misère, et surtout son ignorance, retournera à sa charrue avec la pensée d'envoyer son fils à la ferme-école plutôt qu'à la ville ; car ce n'est pas le travail que l'homme redoute, mais le discrédit de sa profession.

» Relevez par l'instruction la profession d'agriculteur, et vous verrez que l'on ne désertera plus les champs.

» Que ceux donc qui luttent en faveur de la propagation de l'instruction agricole ne déposent pas les armes !

Instruments aratoires.

» Nous avons trouvé à la ferme des instruments aratoires perfectionnés et d'une grande simplicité. La supériorité des instruments nouveaux a été si parfaitement établie pendant l'enquête agricole, qu'il est inutile de s'y arrêter.

Semoirs.

» Je recommanderai seulement l'usage du rouleau squelette et du semoir.

Culture en ligne.

» J'espère que le semoir pour les céréales viendra bientôt compléter la collection des instruments de la ferme. Les avantages de la culture en ligne sont incontestés. Les binages du printemps nettoient les terres et favorisent le tassage du grain. Les houes à cheval travaillent la terre entre les lignes ; ce travail s'exécute avec un cheval conduit par un enfant. Un homme dirige la marche de l'instrument.

» J'ai vu, en Flandre et dans le Nord, biner à la main des champs de blé semés à la volée. Les fermiers m'affirmaient que, bien que le sarclage leur coûtât fort cher, ils y trouvaient encore du bénéfice. Que nous sommes loin de cultiver ainsi !

» On parle toujours de la riche culture du département du Nord, et l'on croit que les terres y sont d'une fertilité incomparable. On se trompe ; ces terres sont continuellement approfondies, remuées, binées, et, par-dessus tout, l'on recueille pour elles beaucoup d'engrais que nous négligeons de recueillir.

Fumiers.

» Ce reproche, je ne puis l'adresser aux directeurs de la ferme-école, car tous les engrais solides ou liquides sont soigneusement recueillis et conservés. L'engrais, c'est l'âme de l'agriculture.

» M. Lômer nous a parlé de sa méthode ; son amour pour le progrès ne lui permettra pas de continuer son mode de préparation, lorsqu'il aura appris comment il est possible de faire mieux encore.

Disposition de la fosse aux fumiers.

» La fumière de la ferme-école est placée derrière la grande étable à vaches. Elle se compose de deux compartiments séparés par un espace de 4 mètres environ. Au centre se trouve un réservoir destiné à recevoir toutes les eaux qui sortent du fumier, et qui y sont conduites par des rigoles circulant autour de chaque compartiment.

» On garnit alternativement les deux compartiments. Ainsi, lorsque sur le premier compartiment le fumier s'élève à une hauteur de 3 mètres, on s'arrête pour commencer l'autre.

» La paille est régulièrement étendue sur le milieu du tas et retroussée sur les bords. Cette préparation du fumier repose sur ce principe, que le fumier doit être placé à sec et arrosé à volonté;

» Que le fumier, dans les fosses profondes, se trouve noyé dans l'eau; qu'il pourrit et ne mûrit pas;

» Que le fumier doit être soumis à la fermentation pour que la paille se décompose et que l'ammoniaque se développe.

» Mais cette fermentation est quelquefois très-violente, et il faut pouvoir la maîtriser par le tassement du fumier et par les arrosages. Pendant la fermentation, l'ammoniaque qui se produit se perdrait très-facilement par l'évaporation, si l'on négligeait d'employer certaines substances pour éviter cet inconvénient. Entre toutes, je vous conseillerai l'emploi du plâtre ou du sulfate de fer (couperose).

» Si vous employez le plâtre, vous le répandez en poudre sur le tas de fumier, et vous arrosez par-dessus. Cette opération se répète chaque fois que l'on sort le fumier des étables pour le porter sur le tas.

» Il faut dix litres de plâtre en poudre pour un poids de 1,200 kilog. de fumier frais.

» Les tas de fumier plâtrés peuvent être conservés deux mois avant d'être employés.

» On arrose chaque fois que l'on voit fumer le tas; l'arrosement le plus régulier s'opère au moyen d'une pompe.

» Lorsque l'on emploie le sulfate de fer, on le jette dans les eaux de la fosse, on les remue avec un bâton. Lorsque les eaux cessent de sentir mauvais, vous cessez d'y mettre du sulfate. Il faut réduire en poudre le sulfate pour hâter sa dissolution. Quelques cultivateurs répandent sur le sol même de l'étable le plâtre ou le sulfate en poudre. Ils préviennent ainsi toute évaporation gênante pour les animaux, et cette méthode dispense d'en répandre sur les fumiers en préparation.

» Il faut porter ces fumiers dans les champs aussitôt qu'il est possible, et ne jamais les laisser se réduire dans la fosse à l'état de *beurre noir*.

» Pour obtenir des fumiers très-actifs, il ne faut pas les abandonner longtemps à la putréfaction, suivant l'usage du pays; car, dans cet état de décomposition avancée, ils ont perdu plus de la moitié de leurs principes fertilisants et près d'un quart de leur volume primitif.

» Lorsque les arrosages du fumier n'ont point épuisé tout le purin recueilli dans la fosse, on emploie le reste comme engrais liquide ; ou bien on le fait absorber par des terres sèches, marnes ou autres substances, qui deviennent par cette opération un excellent engrais.

» Toutes les eaux de ménage, toutes les matières fécales doivent être jetées dans la fosse à purin. Ce sont ces matières, négligées dans la plupart de nos exploitations, et qui sont très-abondantes, que l'on devrait recueillir avec le plus grand soin. Le cultivateur flamand attribue à l'emploi de l'engrais liquide la fertilité de son sol.

» Un hectare de lin, arrosé avec l'engrais liquide, se vend, sur pied, 1,500 fr.

» Enfin, un usage très-vicieux et très-nuisible est celui de transporter le fumier dans les champs et de ne l'enfouir que longtemps après. Lorsque vous avez un tonneau de bon cidre, vous ne l'exposez pas au soleil à la pluie et au vent. Vous tenez à avoir une bonne cave qui conserve toujours une égale température.

» Traitez de même votre terre ; que le fumier soit enfoui aussitôt qu'il est transporté : sinon il ne sera pas plus agréable à votre terre que le bon cidre, devenu aigre, ne le serait à votre estomac.

» Je ne dirai qu'un mot de la forme du labour en sillons ; supprimez-la. On a dit que le petit sillon économisait l'engrais : c'est une raison de plus contre lui, parce que, pour bien cultiver, il faut beaucoup d'engrais, et qu'une méthode qui favorise l'insouciance ou la paresse de l'agriculteur doit être proscrite.

» J'ai cherché des petits sillons à la ferme-école ; j'y ai trouvé des planches de 24 pieds avec de belles récoltes.

Récoltes diverses.

» Des terres assainies, bien labourées, bien fumées, doivent donner de belles récoltes. Aussi, malgré une saison excessivement froide, humide, et par conséquent contraire à la végétation, les récoltes de la ferme sont bonnes, quelques-unes même remarquables, comme les champs de colza.

Blés.

» On ne cultive que les blés du pays ; il en est de même pour l'orge et l'avoine. Le rendement en grain n'est pas très-considérable. M. Mabire a cité un blé anglais très-remarquable, le blé spalding.

Colzas.

» Nous avons visité une magnifique pièce de colza. Cet essai permet de supposer que cette culture, bien entendue, sera profitable à l'exploitation.

» Beaucoup de cultivateurs ont voulu cultiver le colza pour faire de l'argent, et ils n'ont éprouvé que des pertes.

» La culture du colza exige, au contraire, des avances, et la plupart des expérimentateurs espéraient réaliser un bénéfice sans dépenser un centime.

» Voici ce que j'ai vu à la ferme-école :

Préparation.

» Pour avoir du bon colza, il faut bien fumer le plant, fumer ensuite le champ au moment du piquage. Le tourteau convient mieux que le fumier, parce qu'une plante deviendra d'autant plus belle qu'elle trouvera dans le sol les matières minérales qu'elle renferme dans ses organes.

Plantation.

» Il ne faut pas piquer à toutes les raies, pour pouvoir herser et butter le colza au printemps. La plantation doit avoir lieu avant le 15 octobre. J'en ai vu qui ne l'était pas encore au mois de décembre.

Récolte.

» La récolte du colza exige beaucoup de soins et de vigilance.

» Dans le nord, on le cultive depuis 50 ans. Voici les deux méthodes les plus usitées pour le recueillir :

» On le met en meules, ou on le lie en gerbes.

» Dans les deux cas, on coupe le colza quand les siliques commencent à brunir. On n'attend pas une grande maturité; autrement, en le coupant, on en perdrait beaucoup.

» Lorsque l'on met le colza en meules, on ne le laisse pas javeler. Aussitôt que tout le champ, ou une partie, est coupé, on le transporte dans un endroit préparé, sur lequel on a étendu un lit de paille.

» Là-dessus on place les javelles, toujours le pied en

dehors, et on élève la meule à une hauteur moyenne de 15 à 20 pieds; puis on rétrécit la meule pour finir en pointe.

» Lorsque l'on ne veut pas battre prochainement, on fait couvrir la meule; autrement, on jette quelques bottes de paille sur la meule, en attendant que le grain soit parfaitement mûr. Le grain provenant des meules a toujours une qualité supérieure.

» La seconde manière consiste à lier chaque jour les colzas coupés. Les gerbes sont grosses et peu serrées; on les range à la suite les unes des autres, sur une ligne droite. Au bout de deux jours, on retourne les gerbes; puis on laisse mûrir le colza sans y toucher.

» En général, on sème du blé sur le colza. Lorsque le colza reste en javelles, on est obligé d'attendre qu'il soit enlevé pour labourer la terre. Alors ce labour s'exécute quelquefois fort mal, ou pas du tout, lorsque la terre est trop dure; tandis que, par les deux manières ci-dessus, on laboure le colza aussitôt qu'il est coupé.

» Dans les pays couverts d'arbres, les oiseaux mangent le colza; si on le mettait en meule, on le couperait avant qu'il soit attaqué par les oiseaux, et le grain, quoiqu'il soit coupé vert, achève sa maturité dans sa silique.

Prairies naturelles et artificielles.

» MM. Louvel possèdent déjà une grande étendue de prairies naturelles; le foin est bon et abondant. Cent hectares de prairies naturelles réduiront l'étendue des prairies artificielles, que l'on ne cultivera plus que selon les besoins d'approvisionnement de la ferme, et pour varier la nourriture des animaux.

» Le trèfle est cultivé de préférence au sainfoin et à la

luzerne. Malgré l'opinion et les faits cités par quelques cultivateurs, nous croyons que ces plantes réussiront dans les terrains drainés. M. de Caumont a ajouté que, dans des conditions analogues, il les avait vu cultiver avec succès.

Vacherie.

» La vacherie de la ferme-école est nombreuse. Elle se compose de 28 vaches, 14 génisses, un taureau cotentin et un taureau de Durham, véritable type améliorateur.

» Quelques vaches sont cotentines ; la plupart sont choisies parmi les meilleures du pays.

» Plusieurs cultivateurs ont dit que le commerce du beurre était moins productif que l'engraissement du bétail, et que l'on trouvait plus avantageux d'engraisser les animaux nés dans la ferme que de les acheter au dehors.

» Habiles à entrer dans toutes les voies d'améliorations, à peine MM. Louvel se furent-ils établis à la ferme-école, qu'ils allèrent à la vacherie du Pin acheter un taureau anglais, à un prix élevé.

» Ces Messieurs savent parfaitement que le taureau de race pure est le seul producteur améliorateur, parce qu'il donnera à ses produits toutes les qualités de ses ascendants.

» Ils ont fait leur choix parmi les taureaux de la variété laitière, parce que la propriété de donner beaucoup de lait se transmet plus sûrement par les mâles que par les femelles, et que, lorsque les métis femelles ne seront pas conservés pour la production du lait, leur parfaite conformation, le développement des organes les plus importants, qui permet à l'animal de s'assimiler complètement la nourriture, rendront l'engraissement prompt et très-économique.

» Les Anglais caractérisent, ainsi qu'il suit, les animaux de la variété laitière de Durham :

« Un corps gras avec une mamelle abondante. »

» La race de Durham a deux variétés : l'une propre à la graisse, l'autre laitière. Peu de gens en parlent pratiquement; et, lorsque l'on n'a pas expérimenté pendant plusieurs années, on s'expose à n'avoir qu'une prévention, au lieu d'avoir une opinion appuyée sur des faits.

» Aussi on voit beaucoup de gens qui, auparavant, ne voulaient, à aucun prix, entendre parler des Durham, et qui reconnaissent aujourd'hui que les métis s'engraissent plus vite avec la même ration que les animaux du pays.

» On accorde donc maintenant cette première partie. MM. Louvel, par leur exemple, réussiront à faire triompher l'autre; car, en utilisant les connaissances de Guénon, complétées par les recherches de MM. Collot et Magne, on n'élèvera à la ferme que les jeunes bêtes sur lesquelles on aura reconnu les signes indicateurs d'une lactation abondante.

» Les productions du taureau de Durham ont une conformation qui les distingue. Tout en conservant pour mères les vaches du pays, l'étable de la ferme-école attirera bientôt l'attention des visiteurs.

Moutons.

» Il n'y a pas de moutons à la ferme-école; il y en a peu dans le pays. L'extrême division des propriétés ne permet pas les grands troupeaux. Au reste, les belles races ovines ne prospèrent que dans les grandes plaines de la Brie, de la Beauce, de la Champagne ou de l'Artois ; les pays accidentés ne leur conviennent point.

» La race chevaline s'améliore chaque jour dans nos contrées; mais la race bovine y sera encore longtemps la principale richesse du cultivateur.

» En résumé, quelles que soient les objections que puisse rencontrer notre opinion sur l'amélioration de la race bovine par le sang Durham, nous affirmons que, cette race étant essentiellement propre à communiquer ses qualités aux races avec lesquelles on la croise, les cultivateurs des environs de la ferme-école de Sault-Gauthier remercieront les directeurs d'en avoir introduit le sang dans leur contrée.

Chevaux.

» Vingt chevaux ou juments, de race bretonne ou croisée, sont employés aux travaux de la ferme. On nous a montré quelques élèves; ils sont un peu légers. — M. Evrard, surveillant-comptable, a monté avec beaucoup d'aisance une jument de demi-sang, pleine de distinction et bien membrée.

» Un tel croisement justifie les désirs que certains cultivateurs ont exprimés devant nous. Depuis cinq ans seulement, disaient-ils, l'administration des haras a établi une station d'étalons à Domfront, et déjà nous avons de bonnes productions recherchées du commerce et qui se vendent mieux que les animaux sortis des étalons appartenant à l'industrie privée.

» Que le Gouvernement entende ce vœu : l'administration a fait du bien en peu de temps; mais, si elle se retirait, le mal qui en résulterait serait bien plus grand que l'amélioration obtenue : car, si la jument commune donne un bon produit avec un étalon améliorateur, le métis amélioré donnerait un produit détestable avec un cheval commun.

» L'administration des haras commençait à comprendre

nos besoins. Quelle soit perfectionnée, nous le désirons sans doute ; mais qu'elle ne soit pas jetée encore une fois hors des voies dans lesquelles elle marche depuis quelques années.

Porcherie.

» La porcherie se compose de deux truies portières et leur suite, et de deux verrats de la race anglaise du Pin.

» On portera à cent le nombre de ces animaux.

» La viande du porc est aujourd'hui la principale alimentation des familles agricoles. Les races anglaises dépensent peu ; elles ont une chair plus délicate que nos races indigènes. Il y a donc avantage, pour l'homme qui élève un animal dans la prévision de la consommation domestique, à choisir la race étrangère.

» M. Mosselman, qui a ouvert le marché britannique à nos produits agricoles, a bien voulu me communiquer les détails suivants :

« Mon but, m'écrivait M. Mosselman, en exposant au » concours de Domfront une truie normande et une truie » anglaise, a été d'indiquer aux éleveurs de ce genre d'a- » nimaux l'importance et l'utilité d'avoir les deux races.

Race normande.

» La race normande est la plus convenable pour les sa- » laisons ; mais elle demande plus de temps pour arriver à » un poids convenable, et la vente n'en est facile que de » septembre à la fin de mars, époque pendant laquelle on » fait les salaisons.

Race anglaise.

» La race anglaise, au contraire, n'est pas propre aux

» salaisons qui doivent se garder longtemps ; mais, s'en-
» graissant beaucoup mieux, elle se mange en toute saison.
» La viande et le lard sont plus délicats. Cette viande rem-
» place avec avantage le veau, et l'écoulement en est facile
» sur l'Angleterre à l'état vivant.

» Mon opinion est donc que le meilleur lot de truies est
» celui qui donne des produits pendant toute l'année.

» Les salaisons que j'expose prouvent la belle marchan-
» dise que l'on fait avec la race du pays.

» Quelques personnes pensaient que l'on pouvait croiser
» les deux races.

» Au point de vue de la consommation domestique, on
» pourrait avoir raison.

» Mais, pour les viandes salées et exportées, je crois qu'il
» serait peu sage de le tenter ; car la précocité exclura
» toujours cette fermeté dans la viande, qui fait la qualité
» de la viande destinée aux salaisons. »

Jardin.

» Nous visitâmes ensuite le jardin si habilement dirigé par M. Evrard. Il y a un peu plus d'un an que les travaux de desséchement du jardin sont terminés. Cette partie du domaine était une véritable fondrière.

» Les travaux de drainage ont complètement réussi.

» Je ne m'étendrai pas davantage sur le jardin. MM. Chesnau, de Rouen, et Manoury, de Caen, ont bien voulu se charger de ce travail, et leurs rapports ont été vivement applaudis lors de la distribution des récompenses.

» Qu'il me soit permis cependant d'ajouter encore aux éloges donnés à M. Evrard.

» Sept jeunes élèves sont occupés aux travaux du jardin.

M. Evrard leur donne une instruction pratique et raisonnée sur toutes les parties du jardinage, telles que les pépinières, la plantation, la greffe et la taille des arbres, la culture de toutes les plantes potagères ou d'agrément, serres chaudes, bâches, châssis, &c.

» L'instruction horticole donnée à la ferme-école est des plus complètes.

» L'horticulture est aussi indispensable, et elle est aussi arriérée que l'agriculture. Elle est bien importante à vulgariser ; car il n'y a pas un jardin attenant à une chaumière qui ne puisse fournir les légumes nécessaires à la nourriture d'une famille, lorsqu'il sera bien cultivé.

» Les jeunes élèves formés par M. Evrard trouveront à exercer leur profession avec avantage, si leur aptitude et leur docilité répondent aux soins du maître qui les dirige.

» Tous les travaux de la ferme sont exécutés par les élèves. La première sortie des cours aura lieu en 1854. M. Roussel, ancien élève de Grignon, est chargé de l'instruction agricole ; il s'acquitte de cette fonction avec une remarquable distinction.

La salle d'étude.

» Nous avions tout examiné et nous allions prendre congé de MM. les directeurs, lorsqu'ils nous firent observer que nous n'avions pas visité la salle d'étude provisoire.

» Mais la salle d'étude était changée en une salle de festin. Les livres, les pupitres avaient disparu.

» Une immense table était chargée des produits de la ferme et de la ville. Au milieu, une magnifique pièce montée, chef-d'œuvre d'un des Carême de Domfront, représentait toutes les richesses agricoles et gastronomiques, s'échappant de deux magnifiques cornes d'abondance. « On fit, en bien mangeant, l'éloge des morceaux. » Le cidre normand luttait sans désavantage contre l'exotique Madère, et l'on convint avec le poète que

Chacun pris en son air est agréable en soi.

» Peut-être aurait-on prolongé l'enquête et oublié Domfront, si M. de Caumont n'avait donné le signal du départ, en portant le toast suivant à MM. Louvel :

« Au nom de l'Association normande, nous remercions » MM. Louvel d'avoir accepté la direction de la ferme-école » de l'Orne. Nous les félicitons de leur zèle et de leur cou- » rage !

» La ferme-école formera de bons agriculteurs et d'ha- » biles jardiniers, et son succès répondra aux vœux et aux » espérances des amis de l'agriculture. *A MM. Louvel!* » Et tous nous répétâmes : *A MM. Louvel !*

» M. Louvel aîné adressa à M. de Caumont les paroles suivantes :

« Qu'il me soit permis, Messieurs, de vous témoigner » notre bien vive et sincère reconnaissance pour la peine » que vous avez prise de venir visiter la ferme-école, dont » la direction nous a été confiée. Votre présence dans cet » établissement est un bienfait de plus que vous ajoutez » à tous les services qui marquent vos pas dans toutes » les localités assez heureuses pour vous posséder.

» L'établissement que vous venez visiter est encore nais- » sant. Si nous éprouvons un regret, c'est de ne pouvoir » vous le présenter dans de meilleures conditions ; mais,

» en appréciateurs habiles, vous saurez faire la part des » choses, et nous permettrez de réclamer votre indulgence » et vos bons conseils pour nous aider dans les travaux » que nous avons entrepris, et réformer les erreurs ou les » omissions que nous aurions pu commettre.

» Je vous ai dit, Messieurs, que cet établissement était » nouveau. En effet, ce fut le 31 décembre 1850 que M. le » ministre de l'agriculture et du commerce autorisa la » création d'une ferme-école, pour le département de » l'Orne, sur le domaine de Sault-Gauthier. Comme pro- » priétaires dudit domaine, nous fûmes appelés, mon frère » et moi, à diriger cette exploitation, l'un comme directeur, » l'autre comme chef de pratique à l'établissement.

» Le commencement des opérations de la ferme-école » fut fixé, par M. le ministre de l'agriculture, au 1er mars » de l'année 1851.

» La tâche que nous avions à remplir était dure. Deux » difficultés s'offraient à la fois : la première était celle du » terrain. En effet, nous entreprenions de réduire en bonne » terre de mauvais bois, des bruyères, des landages. La » seconde, c'étaient les préjugés, la routine de l'ancien » système à faire disparaître.

» Le premier obstacle ne nous parut pas insurmontable » (*quia labor improbus omnia vincit*). Quant au second, » c'était, selon nous, chose plus difficile. Mais nous avions » accepté la charge, c'était une dette à payer.

» M. le ministre de l'agriculture, à la sollicitation una- » nime du Conseil général de l'Orne, nous avait choisis pour » stimuler le développement de l'industrie agricole. Nous » devions répondre à ce témoignage de confiance, auquel » nous étions sensibles, et qui, pour nous, avait le plus grand

» prix. Ainsi donc, bien déterminés à surmonter toutes les » difficultés, à franchir tous les obstacles qui pouvaient se » présenter, nous nous concertâmes et nous nous mîmes » résolument à l'œuvre, avec le désir de bien faire, déter- » minés à ne reculer devant aucun sacrifice de temps ni » d'argent. Nous considérâmes que l'essentiel, dans cette » circonstance, était de nous entourer d'un personnel in- » telligent et dévoué. Après avoir pris tous les renseigne- » ments qui nous étaient nécessaires pour arriver à nos » fins, nous eûmes le bonheur de rencontrer ces hommes » dont le concours nous était si utile pour la direction et » la surveillance de nos travaux.

» Qu'il me soit permis, en passant, Messieurs, de dire » un mot de félicitation à ces jeunes gens sur le zèle et » l'assiduité dont ils ont fait preuve depuis leur entrée à » l'établissement.

» M. Amiard fut chargé de la comptabilité et de la sur- » veillance, et je dois lui rendre cette justice, que toutes » les choses confiées à ses soins ont toujours été faites avec » intelligence. Ancien militaire, il en a conservé toute » l'exactitude.

» La direction du jardin et des pépinières fut confiée à » M. Evrard, élève de M. Manoury, l'un des membres de » l'Association normande. Cette recommandation, Mes- » sieurs, vaut mieux que toutes celles que je pourrais vous » donner. J'ai toujours remarqué chez M. Evrard le plus » grand amour du travail ; ses plantes sont ses enfants ; il » les cultive avec intelligence, et les succès qu'il a obtenus » en sont la meilleure preuve.

» M. Roussel, ancien élève de Grignon, est chargé de » faire les cours agricoles aux jeunes gens de l'établisse-

» ment. Ce fut sous les auspices de M. Mauny de Mornay, » chef de division au bureau de l'agriculture, que nous » réclamâmes de M. le ministre de vouloir bien lui accorder » l'autorisation de faire à l'établissement de Sault-Gauthier » le stage qui lui avait été accordé, en récompense des tra- » vaux qu'il avait exécutés à Grignon. Cette indication, » Messieurs, suffira pour vous édifier sur son compte.

» Je dois aussi, en passant, un témoignage à tous les » élèves qui nous ont été confiés. Ces jeunes gens ont tous » l'amour du travail ; l'exactitude est leur devise. Depuis » leur arrivée à l'établissement, je n'ai que des félicitations » à leur adresser sur leur conduite et leur bon vouloir.

» Nous serons heureux, Messieurs, si nous pouvons obte- » nir votre approbation pour la marche que nous avons suivie » dans nos cultures, et votre passage à la ferme-école de » Sault-Gauthier aura pour nous un souvenir ineffaçable ! »

» Nos sympathiques bravos répondirent aux paroles de M. Louvel.

» M. de Caumont ajouta que l'Association normande n'avait que des encouragements et des remercîments à adresser à MM. les directeurs, et qu'elle serait heureuse de revenir les visiter.

» Nous reprîmes gaîment la route de Domfront, car tout ce que nous avions vu répondait au double but que le Gouvernement avait voulu atteindre en organisant l'enseignement agricole :

» Exploitation conduite avec habileté et profit;

» Enseignement agricole essentiellement pratique pour les élèves.

» Notre tâche était de raconter ce que nous avons vu; nous l'aurons remplie imparfaitement, si notre travail n'engage pas quelques-uns de ceux qui nous liront à visiter la ferme-école de l'Orne.

» Propriétaires et cultivateurs, allez à Sault-Gauthier.

» Vous ne trouverez ni ruse ni charlatanisme; mais tout est bien, tout est vrai, tout est fait avec entente et économie.

» On avait à vaincre une nature rebelle, et la main du directeur a manié le pic du mineur et dirigé les manchons de la charrue.

» L'ordre qui règne dans toutes les parties de la ferme était le même hier et sera le même demain.

» L'ordre au dehors, c'est de l'argent dans la caisse: c'est ainsi que l'on assure le succès d'une exploitation.

» Honneur aux directeurs de la ferme-école de l'Orne! Leurs bons exemples ébranlent déjà la routine la plus invétérée, et ils répandront autour d'eux les principes d'une bonne culture. »

Cte DE VIGNERAL,

Inspecteur divisionnaire de l'Association normande pour le département de l'Orne.

FERME-ÉCOLE DE L'ORNE.

Réglement de discipline intérieure.

Art. 1er. — Les élèves doivent obéissance et respect au directeur, aux personnes chargées de l'enseignement et aux divers chefs de service.

Art. 2. — Ils se doivent également entre eux bienveillance, ainsi que des égards.

Art. 3. — Ils se doivent à eux-mêmes d'éviter toute parole grossière, toute action malséante, tout excès et tout acte de brutalité envers les animaux, et de conserver une tenue propre et décente.

Art. 4. — Ils ne peuvent s'absenter de l'établissement sans une permission du directeur.

Art. 5. — Les cas de service exceptés, toute communication avec les agents payés de l'établissement ou les personnes étrangères à la ferme est interdite.

Art. 6. — Il est défendu aux apprentis d'introduire dans l'école ni aliments, ni boissons, ni liqueurs.

Art 7. — Les livres dont l'usage n'aura pas été formellement autorisé sont prohibés.

Art. 8. — Il est défendu aux élèves de fumer dans l'intérieur de l'établissement.

Art. 9. — Les apprentis se conformeront, pour l'emploi de leur temps et pour les travaux, aux prescriptions indiquées dans le tableau de distribution du temps, qui devra être affiché partout où besoin sera.

Art. 10. — Néanmoins, au moment des récoltes et de toutes autres opérations ou circonstances qui exigeront impérieusement un labeur extraordinaire, ils obéiront aux dérogations apportées à l'ordre des règlements.

Art. 11. — Le silence le plus absolu sera observé par les élèves-apprentis au réfectoire, et surtout au dortoir.

Art. 12. — Les jeux de cartes et de hasard sont interdits ; sous aucun prétexte on ne peut jouer de l'argent.

Art. 13. — Le travail agricole pratique, l'étude et la bonne conduite seront récompensés par des bons points, qui entreront dans l'appréciation des droits aux primes d'encouragement.

Art. 14. — Un tableau permanent indiquera, chaque mois, les bons points accordés ou supprimés à chaque élève. — Le maximum de bons points qui pourra être accordé à un élève, à la fin de chaque mois, sera de 9, dont 3 pour le travail agricole, 3 pour l'étude, et 3 pour la bonne conduite.

Art. 15. — Les peines qui pourraient être infligées pour infraction aux dispositions du présent règlement, sont : 1° la réprimande simple ; 2° la suppression de tout ou partie des bons points obtenus ; 3° la réprimande devant l'école, qui entraîne la suppression totale des bons points ; 4° les arrêts pendant les dimanches et fêtes ; 5° l'exclusion.

Art. 16. — Les infractions à l'art. 1er peuvent, suivant la gravité des cas, entraîner l'exclusion.

Art. 17. — Toute parole injurieuse ou blessante pour un élève, toute expression grossière et tout sévice envers les animaux, pourra être punie de la réprimande simple ou publique ; les voies de fait entraînent la réprimande publique, et même l'exclusion, en cas de récidive.

Art. 18. — L'infraction à l'art. 4 sera punie de la réprimande publique ou des arrêts pour la première fois, de l'exclusion en cas de récidive.

Art. 19. — La réprimande sera encourue pour infraction aux art. 5, 6, 7, 8, 11 et 12 ; la récidive sera punie de la réprimande publique.

Art. 20. — Toute faute grave contre la probité, les mœurs et la subordination, est considérée comme un cas de renvoi.

Art. 21 — La suppression des bons points sera surtout appliquée à l'inattention, à la négligence dans le travail et les études.

Suite de l'Enquête agricole.

Présidence de M. RENAULT, Inspecteur divisionnaire.

A midi, les membres de l'Association se rendent à la salle du tribunal civil, pour y reprendre l'enquête agricole.

M. Renault, inspecteur divisionnaire pour le département de la Manche, invité par M. de Caumont à présider la séance, prend place au fauteuil, et appelle au bureau MM. de Caumont, de Vigneral, Mabire, Baudoin, de Pontgibaud, d'Auray de Saint-Pois, Schnetz, de Roissy, général Rémond, Despallières, Georges de Villers, Lemaitre, marquis de Frotté, Leroyer de Latournerie, de Latournerie fils, d'Halaines, du Saussay, Deslauriers, de Glanville, comte de Laferrière, Letouzé, Levavasseur.

Un grand nombre de personnes se pressent dans l'enceinte du tribunal.

M. de Caumont donne lecture de plusieurs lettres adressées : 1° par les présidents des Sociétés d'agriculture d'Avranches et de Mortain, de la Société d'émulation de Lisieux, et faisant connaître les délégués de ces Sociétés au Congrès ; 2° par MM. de Montreuil, député au Corps législatif, et de Sainte-Hermine, inspecteur général de l'agriculture, qui s'excusent de ne pouvoir se rendre aux séances de Domfront.

Plusieurs ouvrages offerts par M. de Caumont à la bibliothèque de la ville de Domfront sont déposés sur le bureau.

M. le président annonce que l'enquête agricole va être continuée. Il invite les personnes présentes à répondre à la 22e question du programme, qui est ainsi conçue :

22e Question. — *Quelles sont les différentes races bovines de l'arrondissement ? Quelle est leur aptitude laitière ?*

D'après M. Lômer, les races bovines les plus répandues dans l'arrondissement sont les races normandes et mancelles ; depuis quelques années, il s'est introduit des croisés Durham. Les bêtes de provenance normande se tirent de Tinchebray et de Vire ; la race du Maine est celle qui réussit le mieux pour l'engraissement. On achète les animaux à 5 ou 6 ans. Les croisés Durham donnent aussi de bons résultats. Les animaux de race cotentine, qui naissent dans le pays, s'engraissent beaucoup plus vite que ceux que l'on achète à l'état d'élèves dans d'autres localités. — Il croit, par conséquent, qu'il y aurait des bénéfices à élever un plus grand nombre d'animaux dans l'arrondissement.

M. le maire de Saussay partage complètement cette opinion ; il voudrait qu'on élevât plus d'animaux et qu'on ne fît pas tant travailler les bœufs. — Il considère la race mancelle comme étant supérieure à toute autre pour l'arrondissement de Domfront. En six mois, il lui est arrivé souvent de voir doubler le poids de l'animal, et de le revendre deux fois le prix qu'il l'avait acheté.

Interrogés sur le genre de nourriture qu'ils donnent aux bœufs à l'engrais, les cultivateurs répondent que cette nourriture se compose d'abord de racines avec sel, puis de farine pure et de grain. — D'après eux, un bœuf qui mange du sel n'est jamais atteint d'un coup de sang.

M. Mabire dit que le principal effet du sel, c'est de faciliter la digestion.

M. le maire de Saussay ajoute que les animaux auxquels on donne du sel sont toujours d'un poil plus frais et plus lisse.

M. des Essarts, ancien élève de Grignon, et cultivateur à Bellou (Orne), indique le persil comme pouvant être employé avec succès contre la météorisation. — En semant du persil, à raison de 2 kilog. 1/2 par hectare, parmi les plantes fourragères, on obtient une nourriture qui n'occasionne jamais l'empansement. Ce moyen lui a réussi parfaitement depuis 3 ans.

M. Schnetz demande à M. Louvel s'il en a fait l'expérience dans la ferme-école.

M. Louvel répond négativement.

M. le maire de Saussay donne, par jour, 1/2 hectolitre de racines avec un peu de farine pour 2 bœufs, et du foin à discrétion.— Quelquefois aussi, on administre, par jour et par animal, 8 à 10 litres d'un mélange de 1/3 d'avoine, 1/3 d'orge et 1/3 de sarrasin. Les betteraves ont produit sur ses animaux de moins bons effets que les carottes ; les navets ne lui ont pas réussi.

M. Mabire est étonné qu'on ne fasse pas travailler les bœufs, qui mangent beaucoup moins que les chevaux, et qui peuvent rendre le même service.

M. le maire de Saussay répond que les bœufs que l'on fait travailler pendant 3 ans ne valent pas, au bout des 3 ans, un prix plus élevé qu'au commencement. Il ne croit pas, d'ailleurs, que les bœufs puissent rendre le même service que les chevaux.

M. Mabire persiste dans son opinion : il croit qu'on pourrait tirer un meilleur parti des bœufs, et cite comme preuve à l'appui ce qui se passe en Bretagne.

M. Mabire demande quel usage on fait de l'avoine récoltée dans le pays?—On ne donne généralement que très-peu d'avoine aux animaux.

M. des Essarts blâme cette habitude ; car, d'après lui, le foin est plus cher à proportion que les grains.

Relativement à l'aptitude laitière des diverses races, les cultivateurs placeraient en première ligne la race cotentine, si elle recevait une nourriture suffisante ; mais, dans l'arrondissement de Domfront, on préfère la race mancelle, qui est moins exigeante, et qui donne en moyenne 20 litres de lait par jour. D'une vache mancelle bien choisie on pourra retirer facilement 5 à 7 livres de beurre par semaine.

23e Question. — *Fait-on usage des signes révélateurs indiqués par MM. Guénon, Collard et Magne?*

La plupart des cultivateurs répondent d'abord par un sourire d'incrédulité. Plusieurs citent des cas dans lesquels les signes révélateurs n'ont pas été infaillibles.

M. Mabire s'élève avec force contre ce préjugé, qui porte les cultivateurs à se défier de tout ce qui est innovation. — Il énumère de la manière la plus claire et la plus saisissante tous les avantages que les éleveurs peuvent retirer des signes révélateurs indiqués par Guénon. Les applaudissements de l'Assemblée prouvent qu'il a convaincu son auditoire.

M. de Vigneral ajoute à ce que vient de dire M. Mabire, qu'un des grands avantages du système Guénon, c'est de pouvoir s'appliquer sur la génisse qui vient de naître, et, par suite, de ne pas mettre le cultivateur dans le cas de conserver un animal dont il ne peut espérer tirer un bon parti.

24e Question. — *Quels sont les types reproducteurs préférables?*

Dans l'arrondissement de Domfront, on considère les taureaux normands comme les meilleurs reproducteurs. M. Lômer passe pour élever les meilleurs dans le pays. — Au bout de 3 à 4 ans, on vend facilement le bœuf 6 à 700 fr. Il y a quelques croisés Durham répandus dans l'arrondissement. Si le cultivateur a en vue la production du lait, il aura recours à la race cotentine ; il se servira du Durham s'il veut avoir des animaux qui s'engraissent rapidement.

M. Mabire demande si le croisé Durham-Normand ne serait pas préférable à l'une et à l'autre des races pures, comme réunissant à la fois l'aptitude laitière à la meilleure conformation pour l'engraissement.

M. Lômer croit qu'il vaut mieux conserver la race normande pure.

M. de Vigneral partage cette opinion. Il ajoute que, dans la race Durham, il y a deux variétés bien distinctes : l'une propre à l'engraissement, l'autre à la production du lait, et qu'en choisissant bien les types mâles et femelles de la race cotentine, on arriverait facilement à obtenir des animaux qui présenteraient l'une ou l'autre aptitude.

M. Mabire entre dans quelques développements, qui confirment ce que vient de dire M. de Vigneral.

On convient, généralement, que si les animaux de race Durham s'engraissent plus vite que ceux de race normande, cela tient, en grande partie, à ce qu'on leur donne une nourriture plus abondante.

L'introduction de la race Durham dans notre pays, dit M. de Vigneral, aura au moins servi à prouver que, si on veut avoir de belles races, il faut les bien nourrir.

D'après M. Chambey, les vaches mancelles donnent plus de lait que les vaches de race cotentine, dans l'arrondissement de Domfront.

Selon M. des Essarts, les vaches mancelles présentent cet avantage de pouvoir s'engraisser en donnant du lait, tandis que les races normandes restent dans un état stationnaire pendant la lactation.

25e Question.—*Quelles sont les races de moutons adoptées dans l'arrondissement ?*

On élève peu de moutons, qui sont tous de la race du pays.

M. de Ménille a cherché à introduire des moutons de races anglaises, qui n'ont pas réussi.

Il paraît que les moutons à longue laine s'acclimateraient facilement, d'après ce que dit le représentant de M. Mosselman.

Dans l'arrondissement de Domfront, les moutons n'ont jamais la maladie connue sous le nom de *piétin*.—Un agneau de trois mois est vendu 75 fr. pour la boucherie.

M. Chambey croit que les moutons nuisent aux bois, surtout aux pommiers et aux poiriers.

MM. Baudoin et Mabire confirment cette assertion pour les jeunes arbres qui peuvent se trouver dépouillés de leur écorce, ce qui arrête alors la circulation de la sève et souvent fait mourir la plante ; mais, lorsque les arbres ont 15 à 20 ans, ils n'y voient plus le moindre inconvénient.

26e et 27e Questions.—*Quelles sont les espèces de chevaux en usage dans le pays ?—Importance du commerce des chevaux.—Amélioration des races.*

Les percherons, les bretons et les croisés de ces deux races. Les chevaux des haras présentent l'inconvénient de donner des produits qui ne peuvent pas travailler au gros trait. Il faudrait, pour les juments du pays, des étalons un peu plus près de terre et pourvus de membres plus forts.

Il ne faut pas, dit M. Schnetz, faire saillir des rosses par des étalons de sang, ou bien on obtient des chevaux qui ne sont propres ni à la remonte ni à la selle.

Il se vendait autrefois dans le pays beaucoup plus de chevaux bretons pour le service des voitures publiques. Ces chevaux étaient achetés, à l'état de poulains, aux foires de Fougères et de Dinan.

M. Chamboy s'exprime ainsi :

« Messieurs,

» Il vous a déjà été prouvé que la moyenne du prix des fermes de l'arrondissement de Domfront était de 500 à 1,500 francs, parmi les plus considérables.

» Vous savez que le pays ne possède ni pâtures ni herbages proprement dits, et que tout ce qui représente ce mode de culture ne se compose que de landages ou de prairies artificielles.

» Ces deux faits sont déjà contraires à l'élève du cheval, car le poulain et l'antenais demandent, dans leur jeunesse, un exercice et une nourriture que le pays ne peut accorder.

» Vous savez ce qui fait la force des chevaux du Merlerault, du pays d'Auge et de la plaine de Caen (ces derniers ayant tous une année d'herbage avant d'être mis au piquet).

» Cette force et cette vigueur se prennent dans la nourriture libre des herbages.

» L'arrondissement de Domfront étant privé de ces avantages, a dû renoncer aux poulinières et s'attacher à l'achat des poulains dits antenais.

» Les besoins de travail, les débouchés ordinaires dont je parlerai ci-après, tout a engagé les agriculteurs à préférer les poulains mâles aux femelles ; car, pour eux, en voici l'avantage :

» Le poulain entier se vend pour le roulage et les voitures publiques ;

» Le cheval consomme moins que la jument, même sans poulain.

» Il n'a pas, quand il est seul sur la ferme, l'inconvénient de la suite et du repos forcé nécessaires aux juments à poulain.

» Il peut faire les courses de la journée.

» Or, entre une jument improductive et un cheval entier, en fait de travail, il n'y a pas de choix à faire.

» Maintenant, passons aux juments poulinières.

» Si, comme je l'ai dit, on achète des antenais bretons ou cotentins, les acheteurs n'en connaissent pas les races et ne peuvent les connaître.

» Ils ne peuvent avoir pour 150 à 200 francs des pouliches de 18 mois, demi-sang, et sorties des chevaux des haras.—Ces poulains, travaillant de bonne heure, étant empêtrés dans les parcours par crainte des saillies prématurées ou inattendues causées par le voisinage des chevaux entiers dominant dans le pays, ne peuvent obtenir ni les allures convenables, ni même un bon développement de hanches ou d'épaules.

» Le poulain ne peut jouer autour d'une mère esclave pendant deux heures de liberté ; car les nuits et les jours de chaleur se passent à l'écurie.

» Il n'y a donc pas de possibilité de trouver dans le pays de futures bonnes poulinières.

» Admettons le cas où quelques fermiers industrieux choisiraient parmi ce qu'il y a de moins mal dans le pays.

» Ils tomberont dans cet écueil dont j'ai parlé plus haut.

» D'où sort la mère ? Transmettra-t-elle les vices de sa

race ? La mère était-elle aveugle ? Avait-elle de bons pieds, des éparvins ou des jardons trop prononcés ?—Et le père, inconnu de la mère, de quelle forêt a-t-il sorti, pour jeter là son bât de charbonnier et entrer dans la lande ?

» Je crois donc qu'il faut songer aux mères avant d'aller chercher la race royale des haras nationaux, pour nous faire de nobles et tarés bâtardons.

» Je conclurai également, par les motifs ci-dessus, au choix des demi-sang, afin de donner des membres à une nouvelle race à créer. Mais, auparavant, j'oserai conseiller, afin d'arracher au commerce et à l'armée les trop rares bonnes pouliches du pays, de faire établir, comme dans certains chefs-lieux de départements, des primes pour les juments poulinières, suivies de poulains, qui réuniraient à la bonté des produits les qualités nécessaires pour être dignes de reproduire les races du haras.

» Ces primes seraient assez fortes pour indemniser des pertes de travail de la jument, et même, à la longue, en représenteraient le prix au bout de quelques années. »

Une Commission, composée de MM. Schnetz, Mabire, Baudoin, de Roissy, de Vigneral, est invitée par M. Philippe de Bourgoing, inspecteur particulier du haras du Pin, à visiter la station des étalons du haras, afin d'examiner si ces étalons présentent les conditions les mieux appropriées à la race du pays.—Cette Commission se rend immédiatement au dépôt, et rentre après une demi-heure.

M. Schnetz fait le rapport suivant :

« Messieurs,

» Votre Commission a visité la station des étalons du haras du Pin; elle a vu trois chevaux qui lui ont paru bons et bien choisis. Nous avons examiné aussi les juments qui étaient conduites pour la saillie, et de cette inspection il est résulté pour nous la conviction que, des trois chevaux qui se trouvent à Domfront, l'étalon *important* peut être considéré comme le type préférable, quoique peut-être il manque un peu de taille. C'est donc le cheval d'un quart ou de demi-sang, doublé et près de terre, que nous croyons le plus propre à l'amélioration de notre race chevaline. Les éleveurs n'oublieront pas que l'étalon ne peut pas à lui seul faire tout le bien qu'on lui demande, et nous espérons qu'ils sentiront le besoin de consacrer à la reproduction des juments bonnes et capables d'aider à cette amélioration. »

M. de Vigneral partage l'avis de la Commission; mais il ne croit pas que le demi ou le quart de sang puisse produire les améliorations du pur sang fortement membré et près de terre.

M. Baudoin répond que la Commission, sachant que, dans les haras, il y a très-peu de chevaux pur sang, a demandé que l'on envoyât des chevaux de demi et de quart de sang.

Après une nouvelle discussion, à laquelle prennent part MM. le général Rémond, de Vigneral et Schnetz, la proposition suivante est adoptée à l'unanimité :

« L'Association normande,

» Reconnaissant l'heureuse influence que les étalons de l'établissement du Pin ont exercée sur l'amélioration de la race chevaline dans l'arrondissement de Domfront et dans toute la Normandie, émet le vœu que le Gouvernement veuille bien conserver les haras. »

28e Question. — *Quelle est l'importance du commerce du beurre, des œufs, de la volaille, dans l'arrondissement?*

D'après quelques personnes, le commerce du beurre est restreint aux besoins du pays ; on n'en exporte pas.

D'après M. Hélie, une grande quantité est exportée à Paris, et vendue à raison de 60 à 65 c. le demi-kilog. Pour le fabriquer, on se sert encore de la baratte primitive. Aucun perfectionnement n'a été apporté à l'ancien procédé.

On vend beaucoup d'œufs pour l'Angleterre ; ils sont d'abord dirigés sur Argentan, et livrés à raison de 30 à 40 c. la douzaine. — Quelques personnes les plongent dans un lait de chaux pour les conserver.

Les volailles se vendent seulement dans l'arrondissement; il n'en est point exporté.

Plusieurs membres du bureau croient qu'il serait avantageux d'introduire dans le pays la fabrication du fromage; ils engagent les cultivateurs à faire quelques essais.

29e Question. — *Elève-t-on des porcs pour le commerce?*

M. Hélie ne le croit pas. Dans chaque ferme, on en élève deux au plus, ce qui n'est que la quantité nécessaire à la consommation.

M. de Vigneral demande si la nourriture au lait n'est pas très-dispendieuse. On répond que cette nourriture est variée : elle se compose ordinairement de lait caillé, de choux et de son.

Les 30e et 31e questions ayant été traitées ailleurs par M. de Vigneral, on passe à la 32e question.

32e Question. — *Quelle est l'importance des fermes?*

D'après M. Hélie, la superficie moyenne de chaque ferme n'est pas de 4 hectares. Il cite la commune de Champsegret (4,000 habitants), où il n'y a pas trois fermes au-dessus de 700 francs.

M. de Vigneral ne croit pas qu'une famille puisse vivre dans une ferme de 4 hectares et exécuter les assolements.

M. Hélie répond que les habitants font autre chose que de se livrer aux travaux de la ferme ; la plupart sont en même temps tisserands.

Après une discussion intéressante, à laquelle prennent part MM. Mabire, Doynel et Hélie, on tombe d'accord que l'étendue moyenne des terres affermées est tout au plus de 5 hectares dans l'arrondissement de Domfront.

33e Question. — *Quelle est la durée des baux ? — Indiquer les modifications qu'il serait utile d'y apporter.*

Il y a des baux qui ne comportent que 3 années ; les plus longs sont de 3, 6 ou 9. Presque tous sont verbaux ou sous-seing.

On est unanimement d'avis qu'il y aurait avantage à modifier la durée des baux, à la mettre d'accord avec les périodes d'assolement. — Alors les baux devraient être de 6 ou de 12 années.

34e et 35e Questions. — *Quel est le prix de la journée de l'ouvrier agricole ? Quel est le prix des gages des employés de la ferme ?*

M. Hélie : Dans une partie de l'arrondissement, le prix de la journée d'ouvrier, lorsqu'il est nourri, est de 50 à 60 c. Dans une autre partie, du côté de Flers, la journée se paie deux fois plus cher, à cause de la concurrence de l'industrie. Aux environs de Domfront, on ne va pas au-delà de 75 c. — M. le maire de Durcet paie les charpentiers 75 c., les faucheurs 1 fr.

Le prix des hommes employés, à l'année, dans la ferme est, en moyenne, de 150 fr. pour les hommes et de 75 fr. pour les femmes.

M. Hélie prétend que le prix moyen n'est que de 100 fr. pour les hommes et de 50 fr. pour les femmes.

36e Question. — *Comment se font les prêts dans les campagnes ?*

Le secrétaire donne lecture d'un travail intéressant de M. Patron, de Rouen, sur le crédit foncier. M. Patron invite les membres de l'Association à assurer la réussite de la Société fondée à Rouen, pour les cinq départements de la Normandie, par une souscription dont le minimum a été fixé à 100 fr. — Il est également donné lecture d'un article de M. Lecœur, sous-directeur du comptoir de St-Lo, sur le taux de l'intérêt, et du rapport de la Société de crédit foncier qui cherche à s'établir dans cette ville pour toute la Normandie. Cette Société demande le patronage de l'Association normande.

M. de Caumont observe qu'il y a plusieurs Sociétés de crédit foncier en train de s'organiser, et qu'il serait imprudent de se prononcer immédiatement sur les demandes de MM. Patron et Lecœur.

M. Mabire demande si, dans l'arrondissement de Domfront, il y a des prêts clandestins ?

Généralement non; la plus grande partie des prêts se fait, sur simple billet et à 5 %, aux cultivateurs qui ont une bonne réputation. Dans la partie nord de l'arrondissement, il arrive néanmoins que souvent ces billets sont escomptés, et qu'il en résulte des frais considérables.

M. Lômer considère comme une calamité l'obligation pour un fermier d'avoir recours à l'emprunt ; ce sont surtout les petits maquignons qui empruntent à un taux élevé les sommes dont ils ont besoin pour leur commerce.

On convient qu'il se fait peu d'usure dans l'arrondissement.

37e Question. — *Quel est le degré d'instruction des habitants des campagnes ?*

M. Jamet, inspecteur des écoles primaires de l'arrondissement de Domfront, répond ainsi à cette question : Les parents envoient assez exactement les enfants à l'école ; mais il les retirent beaucoup trop tôt. Dès l'âge de 10 ans 1/2 à 11 ans, ils les font travailler.

M. Debierre voudrait qu'on pût établir dans chaque commune un cours gratuit, où le chef de famille serait forcé d'envoyer ses enfants.

M. l'inspecteur fait observer que la loi ne donne aucun moyen coercitif.

M. Doynel ajoute que ce serait alors l'instruction gratuite et obligatoire, qui a eu si peu de succès en 1848.

M. Hélie croit que, dans les campagnes, la majorité des personnes qui ont atteint l'âge de 21 ans ne sait pas calculer ; elle pourrait tout au plus faire une addition, lire dans les *Heures* et signer lisiblement.

M. Dupin confirme ce que vient de dire M. Hélie.

M. Hélie : L'enfant, en sortant de l'école, paraît savoir encore quelque chose ; mais, de 11 à 20 ans, il perd tout ce qu'il a appris. Les enfants qui sont maintenant à l'école n'en sauront pas plus que leurs parents, parce qu'on les retire de trop bonne heure.

M. de Latournerie : La plupart des enfants ne vont à l'école que pendant l'hiver ; mais, s'il y a beaucoup à désirer quant à l'instruction des garçons, il en est autrement de celle des filles ; et cela pourra, plus tard, exercer une heureuse influence sur l'instruction des garçons.

38e Question.—*Par quels moyens peut-on donner aux ha-*

bitants des campagnes l'amour et les premières notions de l'agriculture ?

MM. Lemarchand et de Vigneral développent cette question avec beaucoup de talent. Ils font voir les inconvénients de l'émigration des habitants de la campagne vers les villes, où il y a alors engorgement. Si on apprenait aux gens des campagnes à bien cultiver leurs champs, à en tirer tout le parti possible, on aurait, d'une part, des agriculteurs distingués, et, de l'autre, plus de tranquillité dans le pays. Ils croient que de la solution de cette question dépend l'avenir de la patrie.

M. de Vigneral voudrait que l'on introduisît l'enseignement agricole dans les écoles ; que les enfants apprissent une espèce de catéchisme agricole. Ils reporteraient dans la famille les notions qu'ils auraient ainsi acquises, et contribueraient à l'instruction de leurs parents.

M. Manoury observe qu'autrefois on avait attaché aux écoles normales primaires un professeur de culture ; qu'il fut chargé, pendant plusieurs années, de cet enseignement à l'Ecole normale de Caen, et que M. Daniel, alors recteur de l'Académie, se proposait de donner plus d'extension à la culture dans les Ecoles normales. Depuis quelques années, cet enseignement a été supprimé. Il engage l'Association à émettre un vœu pour son rétablissement. — Ce vœu est mis aux voix et adopté.

M. Hélie ne croit pas qu'en mettant dans les écoles des professeurs d'agriculture, on parvienne à donner aux enfants l'amour de l'agriculture. Si les enfants ne suivent pas la carrière des pères, c'est parce qu'ils trouvent plus d'avantages dans le commerce ou dans toute autre position.

M. Lemarchand soutient que ce qui empêche les enfants

d'aimer l'agriculture, c'est qu'on ne la leur fait voir qu'en laid : des fermes sales et mal entretenues, des bestiaux chétifs et mal soignés, des terres mal cultivées, et, par suite, ne donnant que des produits insignifiants; en un mot, l'agriculture inintelligente et routinière.

M. de Vigneral parle des bons exemples donnés dans l'arrondissement par la ferme-école de Sault-Gauthier.

M. de Caumont signale les heureux résultats produits dans les départements de la Seine-Inférieure et du Calvados par les conférences nomades d'agriculture. Il ne doute pas que les mêmes effets ne puissent être obtenus dans le département de l'Orne, et il émet le vœu que le Conseil général de l'Orne suive l'exemple qui lui est donné par les deux départements dont il vient de parler.

M. de Vigneral appuie de toutes ses forces le vœu émis par M. de Caumont. Les conseillers généraux présents prennent l'engagement de le faire valoir auprès de leurs collègues, lors de la prochaine session.

39e Question. — *Quels sont les animaux nuisibles à l'agriculture ? Par quels moyens cherche-t-on à les détruire ?*

M. Lômer regarde la taupe comme l'animal le plus nuisible dans les champs; les rats et les souris dans les greniers.

M. Hélie croit que c'est le *mans* ou *ver blanc* qui cause le plus de ravages. On ne fait rien pour s'en débarrasser. On ne ramasse ni les mans ni les hannetons.

M. Lemarchand dit avoir employé avec efficacité le tourteau pour la destruction du mans.

M. Mabire répond que les terres de M. Baudoin ont été ravagées par les mans, malgré l'emploi du tourteau. Il croit que ce qu'il y a de mieux à faire, c'est de faire suivre la charrue par des enfants ou par des femmes, qui ramassent les mans à mesure qu'ils sont mis à nu.

M. de Roissy fait observer que ce procédé, excellent pour les terres arables, ne peut pas être pratiqué dans les herbages.

On constate que l'échenillage n'est pas pratiqué dans le pays.

M. Dupin demande s'il existe un moyen efficace de se débarrasser des charançons qui infestent trop souvent les tas de grains après la récolte.

M. Mabire conseille de mettre une planche goudronnée au milieu du tas.

M. Coquart indique, comme réussissant parfaitement, une peau de mouton fraîchement écorchée, suspendue au-dessus du tas et aussi près que possible : tous les charançons viennent se fixer sur elle.

M. Manoury recommande de mettre du chènevis, à l'état vert, dans le tas de blé, et de le remuer à la pelle de temps à autre.

M. de Glanville fait sentir toute l'importance des petits greniers, hermétiquement fermés, pour la conservation du grain.

On indique l'eau de savon et l'essence de thérébentine comme ayant été employés avec succès dans la destruction du puceron lanigère.

Le secrétaire donne lecture d'une note dans laquelle M. Patron, de Rouen, résume les observations qu'il a faites, depuis six ans, sur la différence qui peut exister entre la quantité de grains de blé semés dans un hectare et la quantité trouvée à la levée. Il résulte de ces observations qu'il y a une perte de 10 litres environ par hectare, qui doit être attribuée en grande partie aux animaux nuisibles, et surtout aux insectes et aux oiseaux.

40e Question. — *Quels sont les établissements philantropiques de Domfront?*

La ville de Domfront est depuis longtemps dotée d'un hospice, que M. le docteur Leroy Desacres, chirurgien de l'hospice, nous fait connaître par le rapport suivant, qui est écouté avec le plus vif intérêt :

« MESSIEURS,

» Près des restes mutilés de l'antique monument élevé à Notre-Dame-sur-l'Eau par le farouche Guillaume de Talvas, comte de Bellême d'Alençon, s'élèvent sans ordre et sans art les bâtiments de l'hospice de Domfront.

» La création primitive de cet établissement remonte jusqu'au commencement du XIe siècle. Frappés de voir les vieillards infirmes abandonnés dans les rues, les habitants de la ville se réunirent pour fonder en ville une aumônerie ou hôtel-Dieu pour soigner les malades. Cette pieuse fondation fut approuvée par Henri II, roi d'Angleterre et duc de Normandie. Robert de Boulogne et Robert Achard y réglèrent le service.

» Les guerres acharnées qui, dans les siècles suivants, vinrent désoler le pays, obligèrent de transporter cet établissement dans l'intérieur même du château; il y resta jusqu'en 1450, époque de l'évacuation des Anglais. Alors Jean II, duc d'Alençon, rétablit l'hôtel-Dieu dans l'intérieur de la ville, dans une rue non loin du château, nommée depuis rue de l'Hôpital. Le prêtre qui desservait cette maison prenait le titre d'orateur et chapelain du duc d'Alençon.

» En 1684, un ordre du roi vint améliorer cet établissement.

En 1686, Pauchard, curé et official de Domfront, donna à l'hôpital les terres de la Morinière et de la Baillette, en St-Mars-Degrenne. L'an 1689, Louis de Quincé, maréchal-de-camp, colonel-général des carabiniers, gouverneur-général de Domfront, mit tous ses soins à améliorer le service de l'hôpital, et y fit de pieuses fondations.

» En 1691, une somme de 4,000 livres fut affectée pour fonder une chapelle, par arrêt du Parlement de Rouen, en réparation de l'assassinat de Jacques Perrens, sieur de La Ruandière, administrateur de l'hospice. En 1745, le duc d'Orléans établit à l'hospice un dépôt pour les enfants trouvés et abandonnés. Louis-Philippe, son fils, continua cette fondation philantropique jusqu'en 1775, époque à laquelle Monsieur, frère du roi, s'en chargea comme apanagiste du duché d'Alençon. Il payait annuellement une somme de 20,000 livres pour les mois de nourrice des enfants qui étaient déposés dans cette maison. La moyenne des enfants reçus à cette époque était de 20 à 25 par an ; elle est de 18 à 20 actuellement. Un réglement philantropique exige que ces enfants soient transportés immédiatement au chef-lieu du département, pour être envoyés ensuite en nourrice. Le voyage, dans un âge aussi tendre, occasionne une grande mortalité, et prive l'arrondissement d'un certain revenu accordé par le département pour payer les nourrices.

» En 1754, un changement important survint dans l'hospice de Domfront. Cet établissement fut éloigné de la ville et transféré dans les bâtiments de l'ancien prieuré de Notre-Dame-sur-l'Eau, fondé en 1020 par Guillaume de Bellême.

» En 1807, fut réuni à l'hospice de Domfront l'hôpital de St-Front, fondé, en 1680, par Jean Courteille, seigneur de cette paroisse. Cette augmentation dans le personnel de l'hospice nécessita la construction de fondations importantes. A cette époque fut bâtie une façade qui donna sur le petit cimetière, et une autre construction qui est située dans la cour de la chapelle.

» Les revenus de l'hospice étaient de 15,000 francs, il y a vingt ans. Par les soins assidus de M. Sbatmans, économe, ils ont atteint le chiffre de 24,898 fr. La dépense annuelle est de 24,200 fr. Jusqu'à ce jour, jamais l'hospice n'a demandé aucune subvention à la caisse municipale.

» Il y a à l'hospice 102 lits, répartis dans neuf salles et quatre cabinets. Cet établissement est spécialement destiné pour donner asile aux vieillards infirmes et indigents. Il y a 30 lits pour les hommes, 17 pour les garçons, 33 pour les femmes, 20 pour les filles. Deux lits sont destinés aux voyageurs indigents et fatigués : on en reçoit 60 par an ; ils ne peuvent séjourner que vingt-quatre heures. Six autres lits sont affectés aux militaires voyageurs. Le Gouvernement accorde à l'établissement une indemnité pour frais du séjour qu'ils y font. Toutes les maladies, sauf les affections vénériennes et l'épilepsie, sont reçues et traitées dans les salles de l'hospice. La moyenne des admissions est de 20 à 22 par an. Il est malheureux que la nouvelle loi sur les rentes ait atteint cet établissement de bienfaisance; l'hospice perdra, par cette mesure, une somme de 1,250 fr. Espérons que le Gouvernement prendra une mesure qui viendra en atténuer l'effet désastreux. Les admissions temporaires sont autorisées sur la présentation du certificat du médecin ou du chirurgien, contresigné par deux administrateurs. Les admissions définitives ont lieu par une délibération administrative. Le service de santé est fait par un chirurgien et un médecin ; un des pharmaciens de la ville fournit les préparations médicales nécessaires à l'établissement. Six Sœurs de la communauté d'Evron prodiguent avec zèle leurs soins charitables aux malades et aux vieillards ; elles sont assistées, dans leurs pénibles fonctions, par 7 domestiques: 3 femmes et 4 hommes.

L'hospice de Domfront sera bientôt débarrassé du voisinage dangereux du cimetière de la ville. Le Conseil municipal, frappé des inconvénients journaliers qui ont lieu par les émanations du cimetière placé au bord de l'eau, au milieu des populations agglomérées sous les fenêtres de l'hospice, a pris des mesures pour en opérer le déplacement le plus tôt possible. Si, extérieurement, les bâtiments présentent un aspect triste, l'intérieur, qui s'est amélioré sensiblement par les soins d'une administration intelligente et dévouée, répondra bientôt à toutes les exigences du service. Les salles et les dortoirs ont été restaurés et boisés en partie ; 23 lits en fer remplacent ces informes couches en bois qui tombent presque de vétusté, et, chaque année, une nouvelle quantité viendra peu à peu les faire tous disparaître. Il n'existe pas encore de réfectoire; il en résulte que les vieillards sont obligés de manger dans l'appartement où ils couchent. Les calorifères manquent ; des feux de cheminée les remplacent pendant la rigueur des hivers. Ce mode d'échauffer les appartements est insuffisant; car il y a une très-grande déperdition de calorique, et c'est dispendieux pour la consommation du bois. Depuis quelque temps, la cuisine s'est meublée d'un vaste fourneau économique qui, en procurant une grande diminution dans les combustibles, suffit pour la préparation de tous les aliments de la maison, et, en outre, procure l'eau chaude nécessaire pour quatre ou cinq bains.

» Les administrateurs de l'hospice n'ont pas reculé devant le prix d'un appareil pour donner facilement des bains de vapeur. Ils viennent d'en acheter un dont le mécanisme ingénieux, commode et simple, ne laisse rien à désirer. D'ici peu de temps, une ou deux salles de bains seront établies, et viendront compléter cette importante partie dans les soins que l'on peut donner aux malades.

» La lingerie, grâce à M. Pellier de La Roirie, que l'on retrouve partout quand il y a du bien à faire, des services à rendre, est dans un état très-satisfaisant. Autrefois il y avait une pharmacie ; il en reste encore quelques bocaux, où l'on met les plantes et les médicaments les plus souvent employés.

» Les habitants de l'hospice reçoivent de la soupe deux fois par jour. Il leur est donné de la viande une fois le jour, à midi ; les jours d'abstinence, ils ont du beurre et des légumes. Le pain est de froment de seconde qualité, bon et bien boulangé.

» Le cidre forme la boisson habituelle ; le vin n'est donné que par prescription du médecin. Les hommes valides sont employés dans la maison, soit dans le jardin, soit à casser du bois, soit à cultiver la terre ; les autres font de la toile, brodent sur mousseline, font des rubans de fil ou des chapeaux de paille.

» Les femmes filent, cousent, tricotent, brodent, aident, quand elles le peuvent, à la lessive et dans l'intérieur de la maison. Ces travaux, peu rétribués, produisent un léger revenu pour l'hospice.

» Le service religieux est confié à un aumônier, uniquement chargé de ce soin important. Il s'en acquitte avec le zèle charitable que l'on trouve toujours chez un ecclésiastique pieux et éclairé. Il est logé dans une jolie habitation que l'on a fait construire pour lui dans le voisinage de l'établissement. Les dons et les aumônes faits à l'hospice sont rares.

» En 1843, Mme veuve Provet a versé 3,000 fr. pour la fondation d'un lit. En 1847, Mme veuve Libert a fait don d'une rente de 111 fr. En 1848, M. Belaie des Longchamps a versé une somme de 3,200 fr. pour la fondation d'un lit. Espérons que de si bons exemples porteront leurs fruits, et que de nouveaux bienfaits mettront notre établissement à même de soulager un plus grand nombre d'infortunes. »

41e Question.—*Produits minéralogiques de l'arrondissement.*

M. Durand répond ainsi à cette question :

« .... Si, à chaque pas, on foule dans l'arrondissement de Domfront de vieux et nobles débris d'usines, c'est que l'arrondissement de Domfront est peut-être, de tous ceux qui forment la région de l'ouest de la France, le plus favorisé par les diverses richesses que lui a départies l'intelligente et parfois prodigue nature.

» Il forme la partie ouest du département de l'Orne, agricole, industriel et pittoresque.

» Ce département renferme tous les genres de terrains, toutes les argiles, jusqu'à l'argile plastique la plus pure et la plus réfractaire ; tous les sables, jusqu'au sable le plus blanc, le plus fin, le plus purement siliceux qu'il soit donné de rencontrer ; tous les genres de roches, depuis la plus grossière jusqu'au granit le plus beau, jusqu'aux marbres granitiques (1), schisteux (2) et calcaires (3) ; des dépôts, et surtout un filon de minerai ferrugineux, considérables et d'une grande richesse ; des forêts, des dépôts de tourbe qu'on n'exploite pas, parce qu'on ne sait ou ne veut pas la *carboniser*, et, pour abréger, des eaux thermales justement renommées.

» Mais si la nature s'est montrée si peu avare envers ces contrées, les ruines nombreuses que nous ont léguées nos ancêtres, les exploitations qui se continuent, les entreprises nouvelles qui se créent ou se relèvent, prouvent d'un autre côté que le pays n'a pas été ingrat.

» Sur les plus faibles ruisseaux comme sur les rivières plus considérables, partout des barrages, des chutes ménagées par des travaux parfois importants, et des écluses plus ou moins bien conservées attestent que là existèrent des usines mues par le grand moteur économique.

» Ici, les terrains bouleversés de nombreuses poteries qui toutes ont disparu ; là, les scories des verreries vagabondes (4), et les laitiers et les scories de dix forges ou hauts-fourneaux, rien que dans notre arrondissement (5).

(1) Marbre de Saint-Hilaire-la-Gérard que, le premier, j'ai offert au ciseau du sculpteur.

(2) Marbre de Radon.

(3) Marbre de la forêt Auvray, qui prend un facile poli à fond *jaune*. (Ce dernier n'est encore l'objet d'aucune spéculation.)

(4) Appelés de Venise, dont nous étions tributaires, les ouvriers verriers, faits en France gentilshommes, se retrouvent depuis Cherbourg jusqu'en la forêt d'Ecouves, où ils formèrent un établissement stable, verrerie encore aujourd'hui, et connue sous le nom de Verrerie du Gast.

(5) Ventes-Trocheries, Dampierre, Moulin-Rouge, Forge-Neuve, Larchamps, la Sauvagère, Halloaze, Bagnolles, Cossé et Champsecret.

» L'unique filon qui alimentait toutes ces forges était donc bien puissant et sa richesse intrinsèque bien considérable !

» Et de tant d'établissements que nos pères firent naître et laissèrent mourir, que nous reste-t-il ? Plus de poteries, plus de verreries : une seule forge, celle de Varennes ; et encore, sans le génie entreprenant avec intelligence, actif et hardi appréciateur des chances, sans le génie du propriétaire actuel, cette usine suivait aussi la fortune de ses devancières ; et, cependant, la matière première est là, toujours abondante ; le combustible, devenu plus rare, n'est pas très-cher, et les produits sont d'un écoulement facile.

» Nous ne pouvons dire ici les causes qui, à notre sens, ont amené la chute de ces usines, causes parmi lesquelles prédomine l'esprit de routine dont nous n'avons pas encore pu nous bien affranchir.

» Ce que nous désirons ici, c'est d'appeler l'attention sur trois genres de richesses qui reposent aux portes de Domfront : le minerai ferrifère, le sable de verrerie et l'argile plastique.

Minerai.

» A la pointe *est* du massif d'Ecouves, sur les communes du Bouillon et de la Ferrière-Bêchet, on rencontre un minerai de fer oxydé qui a tous les caractères et toutes les qualités de celui de Hallouze. Là, ce filon est dominé par une forte couche de sable rouge-brun foncé, chargé d'oxyde ferrugineux, s'alternant avec une couche grossière de sable de décomposition granitique. On peut observer cet arrangement dans les déblais de la route neuve d'Argentan, près la croix de Médavy.

» Ce filon disparaît sous l'étroit bassin formé par les soulèvements d'Ecouves et du Ballu, pour reparaître ensuite à l'état de roche compacte, solide, dans les bois de Mme de Courdemanche, sur la commune de Lalande-de-Goult, d'où il se dirige dans notre arrondissement par la forêt d'Andaines qu'il descend, et où il a été exploité pour les besoins de la forge de Cossé. On le suit encore par les communes de la Ferrière-aux-Etangs, Le Châtellier, Saint-Clair-de-Hallouze, Larchamps, et on le perd enfin près de Mortain, dans le département de la Manche. Sa direction est de l'est à l'ouest ; sa pente est légèrement inclinée vers le sud, et son *rendement au haut-fourneau est de 48 %*, à Varennes.

» La ligne qu'il suit est assez régulière, et pourtant, dans plus d'un endroit, sa marche a été violemment interrompue. Il se montre différemment dans les différentes localités : ici, il se présente en blocs formés de couches successives, comme à Lalande-de-Goult ; là, en couches fort divisées et non stratifiées, comme à Hallouze, enfermé dans des terres calcaires qui *pourraient*, jusqu'à un certain point, remplacer la *Castine* au haut-fourneau.

» Ce beau filon pourrait, s'il était convenablement exploité, suffire aux besoins de bien des usines ; mais il n'en est pas ainsi. Le mineur travaille à ses *pièces* ; il creuse son puits, c'est-à-dire fait son découvert, se dirige ensuite sans contrôle et sans guide, laissant sous ses pieds, sitôt que l'eau le gêne, une couche de minerai d'une épaisseur inconnue, avançant ainsi sans méthode jusqu'à ce qu'il rencontre un obstacle, fort léger parfois, et qui pourtant suffit pour le décourager ; alors, dans l'espoir d'être plus heureux, il court à un autre endroit, laissant se combler l'informe galerie qui lui avait coûté tant de sueurs.

» Dans la forêt de Hallouze, où l'extraction a surtout été suivie, on reconnaît que nos pères exploitèrent, à ciel ouvert, un minerai que leurs successeurs durent chercher à l'aide d'une première galerie souterraine, et que l'on extrait aujourd'hui en passant par une seconde galerie, sous les pieds de nos prédécesseurs.

» Les conséquences d'un système aussi vicieux d'exploitation se sont fait sentir d'une manière bien pénible. En voici un exemple frappant :

» En 1763, le minerai cassé, lavé sur le chantier d'extraction, coûtait, aux forges de Hallouze et de Larchamps, 15 c. le boisseau, tandis qu'aujourd'hui Varennes paie ce même boisseau 45 c.

» Et par quel moyen maintenant pourrait-on suivre la concurrence (1) que nous font les établissements étrangers à notre province, qui, mieux que nous, ont su marcher avec le progrès et savent empêcher, dans l'extraction de leur minerai, le gaspillage que nous négligeons de prévenir chez nous ?

» La loi du 21 avril 1810 est surtout faite en vue de protéger et la vie des ouvriers et les propriétés. Néanmoins, il serait bien à désirer que son art. 48 reçût une plus grande application. Les vices, les abus sur lesquels nous

(1) L'usine de Varennes vient de se mettre en marche progressive; on y pudle la fonte, c'est-à-dire qu'on la purifie de l'acide sulfureux au moyen d'un courant d'air, et le haut-fourneau est *à l'air chaud*; innovations d'autant plus précieuses, qu'à l'aide de la seconde on obtient, sans augmentation de combustible, 6,000 kilog. de fonte, au lieu de 2,000 qu'on obtenait par l'ancienne méthode, et que par la première on obtient un excellent fer *pliant*, de cassant qu'il était. (Cette petite usine est à 7 kilomètres de Domfront ; elle mérite d'être vue et encouragée.)

appelons l'attention pourraient disparaître, comme le restant de nos richesses minérales pourrait être sauvé.

Sable.

» Au bout du champ-de-foire de Domfront, sous la croûte de grès qui couronne ses hauteurs, on exploite, depuis quelques années, des sables de qualités et de couleurs différentes, dont un seul nous occupera.

» C'est un sable d'une blancheur éblouissante, d'une grande pureté, qui n'est ni par couches ni par filons, mais en blocs désordonnés et toujours fort considérables. On l'exploite à l'état de roche presque solide, et on l'extrait plutôt avec la pioche qu'avec la pelle ; mais, une fois désagrégé, il se réduit facilement à l'état de pulvérulence.

» Plus blanche, plus pure que la silice de Fontainebleau, celle-ci doit convenir pour les verreries, d'autant mieux que son extrême division la rend plus sensible à l'action du calorique et plus facile à se combiner avec les alcalis.

» Le terrain sur lequel repose cette masse imposante de sable est un terrain communal sur lequel, moyennant une légère redevance, des particuliers l'exploitent sans contrôle comme sans conscience de l'avenir.

» Abusant de l'abondance, ils ne prennent que le plus facile et rejettent, sur les masses qu'ils abandonnent, les terres qui proviennent de leurs déblais. Cette incurie de la part de la commune de Saint-Front, qui en est propriétaire, pèsera lourdement sur les exploitants futurs.

Argiles.

» Les communes de Saint-Gilles, de Rouellé, et une portion de celle de la Haute-Chapelle, font partie de ce magnifique bassin circulaire, sur lequel, des hauteurs environnantes, l'œil se repose avec tant de délices.

» Au fond de ce bassin, on exploite, avec aussi peu d'intelligence que le minerai et le sable dont on vient de parler, deux argiles différentes et pour la couleur et pour l'usage auquel on les destine, mais présentant à l'œil et au toucher les mêmes caractères constitutifs.

» L'une, noirâtre, homogène, est destinée aux moulins à foulon et est aujourd'hui presque abandonnée, par suite du bon marché du savon et de l'entêtement de l'exploitant d'en maintenir le prix à un taux exagéré (12 fr. les 1,000 k^os^).

» L'autre forme deux couches de nuances différentes : la première, d'un blanc sale veiné de rouge peu prononcé; la seconde, moins estimée, est d'un bleu douteux.

» Ces argiles sont exploitées à ciel ouvert par des ouvriers travaillant à leurs pièces, marchant sans guide, suivant l'instinct de leur intérêt du jour plus que le raisonnement, rejetant derrière eux la terre impropre à la poterie de Gers, pour les besoins de laquelle ils travaillent.

» Peu siliceuse, cette argile présente tous les caractères d'une terre éminemment réfractaire ; elle servirait avantageusement à la fabrication des fours et des creusets de verrerie, et elle pourrait nous affranchir du tribut que nous payons à nos voisins d'Outre-Manche pour la brique réfractaire, qu'ils savent nous vendre si cher (150 fr. le mille, pris à Caen; 240 fr., rendu à Domfront).

» (Nous avons engagé déjà et nous engageons encore l'un des propriétaires à soumettre ces argiles à une analyse parfaite.)

» Avec un tiers de terre kaolineuse, que j'ai trouvée près de Ceaucé, et deux tiers de l'argile dont je parle, j'ai composé quelques briques, qui, mélangées à des anglaises dans la construction d'un four à pudler, avaient à peine les angles émoussés quand les anglaises étaient hors de service.

» Outre ces usages, pour lesquels on choisirait ces argiles, les terres rebutées serviraient encore merveilleusement à la fabrication, par la roue à *compression*, de la brique et du pavé *réguliers;* ce que, dans notre arrondissement, nous sommes obligés de faire venir des tuileries d'Argentan.

» Je pense que ce travail se ferait avantageusement par la roue à compression inventée par M. Julienne, d'autant plus que ces terres, ne contenant pas de cailloux, pourraient être moulées sans préparation préalable. »

M. Durand termine en donnant sur la forge de Varennes les détails que nous consignons ici :

« Il y a moins d'un siècle, la contrée que nous habitons florissait par un grand nombre de hauts fourneaux ou de forges, qui étaient venus se grouper près le riche filon métallurgique qui, de l'est à l'ouest, traverse notre arrondissement, et de toutes ces usines une seule est arrivée jusqu'à nous. L'usine de Varennes, comme nous l'avons déjà dit ailleurs, est restée debout et va, sous le génie restaurateur de son nouveau propriétaire, se placer à la hauteur du progrès et ne plus craindre la concurrence des grands établissements étrangers à notre province.

» Les anciennes forges, placées sur des cours d'eau trop faibles, ne pouvaient travailler avec économie ; elles devaient tomber avec le progrès, qu'elles ne surent ou ne purent suivre, et elles sont tombées. Ce sort commun s'appesantit également sur Varennes en 1844. Heureusement que, trois ans plus tard, M. Catois se présenta pour la sauver de la destruction.

» Avant ce dernier fabricant, ses devanciers n'avaient su fabriquer qu'un fer extrêmement *cassant*, qui était entièrement livré à la fonderie, et employé presque uniquement à la fabrication du clou à bois.

» Le nouvel exploitant comprit tout d'abord qu'il ne pouvait ni ne devait rester dans l'ornière de la routine ; il établit un four à pudler, qui lui permit de purifier sa fonte du soufre qu'elle contenait, et, dès-lors, il obtint un fer pliant et nerveux propre à tous les usages du commerce.

» Il ne s'arrêta pas là : ce ne fut plus un air froid, glacé, qu'il lança dans son haut fourneau ; cet air fut chauffé à blanc, et l'intensité du calorique fut tel, que là où il obtenait auparavant moins de 2,000 k. de fonte, il en obtient aujourd'hui 6,000 k., et cela sans une augmentation appréciable de combustible.

» Cette usine, du reste, est placée dans les meilleures conditions de réussite : près de nos forêts où elle s'alimente ; sur la rivière dont elle a pris le nom, et dont le cours déjà considérable passe en entier sur ses machines ; non loin du filon métallurgique qui, au haut-fourneau, lui rend de 48 à 49 °/₀. Le haut-fourneau touche à la forge, et, des magasins à la fonderie, la distance est de 100 mètres environ.

» Nous ne nous croyons pas autorisé à établir ici, en dehors du fabricant, le prix de revient de ses produits ; mais nous dirons que l'usine de Varennes fait un bien immense dans le pays ; qu'elle est en grande voie de progrès, et digne, sinon d'une visite, du moins des encouragements de la philantropique Association normande.

» Cette usine occupe à l'intérieur une cinquantaine d'ouvriers et d'employés, et vingt à vingt-cinq voituriers et mineurs ; elle est en état de produire 7 à 800 mille kilog. de fer marchand par an, qui se vend, depuis l'abaissement successif du prix des fers, c'est-à-dire depuis surtout ces dernières années, 34 à 36 fr. les cent kilog.

» Autrefois, le cours d'eau suffisait à la mouvance de l'usine pendant les 11/12es de l'année ; aujourd'hui le chômage va disparaître devant l'établissement d'une soufflerie *unique* et pour le haut-fourneau et pour tous les feux de la forge, et par la suppression de deux noques, conséquence de cette heureuse amélioration. »

Le programme des questions à traiter en séance publique étant épuisé, et personne ne demandant la parole, la séance est levée à quatre heures.

M. de Caumont annonce qu'une séance administrative va avoir lieu immédiatement ; il prie les membres de l'Association de vouloir bien rester dans la salle.

SÉANCE ADMINISTRATIVE.

M. de Caumont annonce l'ouverture de la séance administrative que l'Association tient toujours dans les localités où siége le Congrès. On commence par arrêter l'ordre de la séance publique du lendemain. — Les divers jurys, dont les opérations devront commencer dimanche matin, à sept heures, sont ainsi composés :

Jury pour les diverses races d'animaux domestiques.— MM. Mabire, président ; Baudoin, de Vigneral, de Roissy, de Fontette, d'Auray de Saint-Pois, Cte César de Pontgibaud, rapporteur.

Jury pour les instruments.—MM. Houdelière, Deslauriers, Manoury, rapporteur.

Jury pour l'horticulture.—MM. de Marguerit de Rochefort, Manoury, Chesneau, de Rouen, rapporteur.

M. le président du tribunal civil et M. le maire de Domfront distribuent des cartes pour le bal aux membres de l'Association.

La question la plus importante sur laquelle le Conseil administratif ait à se prononcer, est le lieu du Congrès de l'Association pour 1853.

M. d'Auray de Saint-Pois réclame la session de 1853 pour la ville d'Avranches, que l'Association n'a pas visitée depuis treize ans.

M. de Glanville fait une proposition en faveur des Andelys.

M. de Vigneral rappelle que, l'année dernière, lorsqu'on agita la même question à Lisieux, M. de Montreuil avait parfaitement plaidé la cause de la ville des Andelys, et qu'il l'eût nécessairement emporté sur lui, qui réclamait cet avantage pour Domfront, s'il ne s'était désisté, sur la promesse qui lui fut faite que l'Association tiendrait ses assises aux Andelys, en 1853.

M. de Pontgibaud fait valoir avec beaucoup de chaleur la cause du département de la Manche. Il garantit à l'Association l'accueil le plus sympathique.

Le Conseil, consulté, décide que le Congrès de l'Association aura lieu, en 1853, aux Andelys (Eure).

On s'occupe de la répartition entre les divers cantons des membres de l'Association qui habitent l'arrondissement de Domfront, et de la nomination d'inspecteurs cantonaux.

M. Houdelière signale une grande irrégularité dans la distribution des Annuaires pour l'arrondissement de Mortagne.—Des mesures seront prises pour que pareille chose ne se renouvelle pas.

Une Commission, composée de MM. Schnetz, de Banville, d'Halaines, Dupin et Ferré des Ferris, est désignée pour visiter les fermes de l'arrondissement de Domfront, et décider quel est le cultivateur auquel doit être décernée la coupe en argent proposée par l'Association.

A six heures, la séance est levée.

Un bal, donné dans la grande salle de l'hôtel-de-ville, réunissait un cercle nombreux de femmes charmantes et d'intrépides danseurs, et terminait, de la manière la plus agréable, la journée du 19.

Le Secrétaire-général,

J. MORIÈRE.

Journée du Dimanche 20 Juin.

A 7 heures du matin, les divers jurys commençaient leur examen, qui s'est terminé à 11 heures.

A midi, l'Association et les diverses autorités de la ville se rendent au lieu du concours, où les attend une foule immense de spectateurs venus de divers points du département, et prennent place sur une estrade élevée à l'une des extrémités du vaste amphithéâtre dressé sur la *Bruyère*.

M. le sous-préfet invite MM. les rapporteurs des divers jurys à prendre la parole.

M. le comte de Pontgibaud, rapporteur du jury des diverses races d'animaux domestiques, s'exprime ainsi :

« MESSIEURS,

» S'il est vrai de dire que l'idée du progrès, sainement conçue et développée par une émulation intelligente, est à la veille de sa réalisation, nous pourrions, à cette heure, escompter l'avenir agricole de l'arrondissement de Domfront. Le concours de cette année avait pour but d'indiquer ces tendances et de mettre surtout en relief les éléments de prospérité dont il dispose. — Sous ce rapport, nous regretterons que des relations orales ou des documents écrits nous aient mieux mis à même d'en juger que l'exhibition des animaux. — Plus richement dotées de la nature, d'autres circonscriptions ont recueilli un large butin parmi les primes que nous étions chargés de décerner. N'en accusez point, Messieurs, la partialité du jury, mais plutôt ce sentiment de défiance des agriculteurs locaux qui, faisant trop bon marché de leurs ressources, ont déserté leur propre terrain et refusé la lutte. Quelques-uns d'entre eux auront prouvé, du moins, qu'elle n'était pas tellement disproportionnée et inégale qu'elle ne pût être acceptée.

» L'affluence que sollicite l'Association normande a d'ailleurs cet avantage signalé de présenter, sous un même rayon visuel, les améliorations auxquelles nous venons applaudir, comme les défectuosités auxquelles il est urgent d'indiquer le remède ; d'établir des points de contact entre les éleveurs de cantons différents et de comparaison entre leurs produits ; de faciliter leurs échanges, et enfin, Messieurs, de donner le degré certain de la marche progressive qu'a suivie une région, d'un concours à un autre.

» Permettez-nous, néanmoins, d'espérer que l'exposition de cette année aura porté ses fruits. Les cultivateurs des environs de Domfront ont, en ce moment, sous les yeux d'assez beaux modèles pour désirer assimiler leurs produits à ceux qui étaient venus, à longues journées, du Calvados et de la Manche. — N'ont-ils pas, d'ailleurs, au milieu d'eux un type permanent dans la ferme-école de Sault-Gauthier, dont les honorables directeurs leur faciliteront toujours l'accès avec cette cordialité inépuisable dont ils ont fait preuve à notre égard?

» J'abrège, Messieurs, pour laisser à M. Mabire, président de notre jury, le soin de proclamer le nom des vainqueurs dont il a si bien su faire le discernement. Nous voudrions qu'il nous fût donné de vous présenter, avec le même bonheur de langage que lui, les aperçus si nets et si délicats qui, sous sa direction éclairée, ont dicté nos choix. Votre propre étude vous les révèlera aussi sûrement, et les membres de l'Association n'auront plus qu'à se féliciter de voir leurs jugements confirmés par ceux qui ont su donner à leur hospitalité un caractère aussi bienveillant que magnifique. »

M. Mabire, président du jury, proclame les noms des vainqueurs dans l'ordre suivant :

Espèce bovine.

1re Classe.—Taureaux âgés d'un an à trente mois, nés et élevés dans l'un des cinq départements de l'Eure, de la Seine-Inférieure, du Calvados, de l'Orne et de la Manche, *provenant de race pure normande par père et par mère.*

Médaille d'honneur. — M. Lômer, de l'Orne, pour l'ensemble de son exposition.

1er Prix. 300 fr.—M. Déloges, de Bures (Calvados).

2e id. 250 fr.—M. Adeline, de Blay (Calvados).

3e id. 200 fr.—M. Mériel, d'Angoville (Manche).

4e id. 200 fr.—M. Bance, de Vaucelles (Calvados).

2e Classe.—Taureaux âgés de trente mois à cinq ans, nés ou élevés dans l'un des cinq départements susénoncés, *provenant de race pure normande* et servant à la reproduction.

1er Prix. 300 fr.—M. Delasalle, de Secqueville-en-Bessin (Calvados).

Le jury n'a pas cru devoir accorder de second prix.

3e Classe.—Taureaux de toutes races d'un à trois ans, nés dans l'un des cinq départements susénoncés et servant à la reproduction.

Médaille d'honneur.—MM. Louvel frères, directeurs de la ferme-école de l'Orne.

1er Prix. 300 fr.—M. de Fontenay, d'Urou (Orne).
2e id. 250 fr.—M. Delalande, de Vire (Calvados).
3e id. 150 fr.—M. Houssaye, de la Manche.
4e id. 100 fr.—M. Louvel, de l'Orne.
1re Mention honorable.—M. Grégoire, de la Manche.
2e id. —M. Lômer, de l'Orne.

4e CLASSE.—Vaches laitières de tout âge et de toutes races, alliant la meilleure conformation pour la boucherie à l'aptitude laitière.

1er Prix. 200 fr.—M. Jean Novince, de St-Côme-du-Mont (Manche).

2e Prix. (Médaille d'honneur.)—M. le marquis de Frotté, de Couterne (Orne).

3e Prix. 150 fr.—M. Bidard, de St-Bômer (Orne).

Mention très-honorable.—M. Amiard, de Domfront.

5e CLASSE.—Génisses d'un à deux ans, de toutes races, réunissant les signes de l'aptitude laitière à la meilleure conformation.

1er Prix. 150 fr.—M. Poutrel, de Bavent (Calvados), pour une génisse, race d'Ayre.

2e Prix. 100 fr.—M. Amiard, de Dampierre (Orne).

3e id. 100 fr.—M. Grégoire, de Ste-Marie-du-Mont (Manche).

Mention honorable.—M. Poutrel, de Bavent (Calvados), pour une génisse d'Alderney.

Espèce ovine.

1re CLASSE.—Béliers âgés d'au moins un an, de toutes races, reconnus les plus parfaits de conformation.

Prix unique. 150 fr.—M. Poutrel, de Bavent, pour un bélier Dishley.

2e CLASSE. — Au meilleur lot de cinq brebis les plus parfaites de conformation.

Prix unique. 100 fr. — M. Poutrel, de Bavent (Calvados).

Espèce porcine.

1re CLASSE. — Verrats les mieux conformés, de toutes races, âgés de huit mois au moins.

Prix unique. 100 fr. — MM. Louvel, directeurs de la ferme-école.

2e CLASSE. — Au meilleur lot de deux truies portières, de toutes races, âgées d'un an.

1er Prix. 100 fr. — M. Launay, de St-Front (Orne).

2e id. 50 fr. — MM. Louvel, directeurs de la ferme-école.

Au nom de la Commission des instruments aratoires et des améliorations agricoles, M. Manoury, de Caen, fait le rapport suivant :

« MESSIEURS,

» Je viens, au nom de votre Commission des instruments et produits, vous rendre compte de la mission que vous nous aviez confiée.

» Votre Commission a vu avec satisfaction que l'appel fait à l'industrie agricole de cette contrée de la Normandie avait été compris. Bon nombre d'exposants se sont présentés. Je vais avoir l'honneur de vous en entretenir.

» Mais, Messieurs, avant tout, j'ai à vous parler de ceux qui, par zèle, par amour de l'agriculture et aussi par le plaisir de faire le bien, s'occupent d'améliorations agricoles pratiques.

» Vous avez vu, comme nous, le magnifique établissement agricole de MM. Louvel. Sur cet établissement, appelé à rendre de si grands services comme ferme-école et comme modèle de belle et bonne culture, vous avez pu constater que la bonne tenue de toute la ferme, l'aménagement bien entendu des fumiers, les immenses défrichements, l'emploi bien fait de la chaux, enfin l'étendue des terrains arrachés à l'improduction et rendus en si peu de temps à une culture productive, ne laissaient rien à désirer.

» Votre Commission a pensé que la Société, offrant à MM. Louvel la coupe dont elle peut disposer, ne reconnaîtrait encore que médiocrement les services qu'ils ont rendus et qu'ils rendront encore longtemps, nous l'espérons, au pays.

» Nous avons encore à vous signaler, comme digne de vos récompenses, M. Géhanne, cultivateur à Saint-Fromont.

» Sur une ferme de 42 hectares, M. Géhanne est parvenu à produire 270 mètres cubes de fumier, quantité plus que double de celle qu'obtenaient les fermiers qui l'ont précédé dans la même exploitation. — La fumière est parfaitement entendue ; aucune portion du purin ne se perd. — L'Association accorde à M. Géhanne une médaille d'argent, pour le récompenser du bon exemple qu'il donne aux cultivateurs de la Manche.

» La Société a dû offrir une médaille de bronze à M. Hamard, des Forges, pour ses nombreux défrichements et mises en culture.

» La Société décerne à M. Fourncrie, fermier de M. Doynel, propriétaire à la Saucerie, commune de la Haute-Chapelle, une mention honorable pour sa belle culture, ses desséchements et ses défrichements.

» La Société est encore flattée de féliciter M. Lechevalier et lui accorde une mention honorable.

Instruments et produits.

» La Commission cite hors ligne la nombreuse collection d'instruments exposés par MM. Louvel, et elle recommande à l'attention des cultivateurs ces instruments, et, entr'autres, le *rouleau Croskil*, les *araires*, charrues sans avant-train, la charrue à ratisser, appelée *houe à cheval*, etc.

» La Société a vu avec plaisir et reconnaissance les efforts que continue de faire M. Mosselman, qui déjà, dans bien des circonstances, a prouvé qu'il est tout dévoué aux intérêts normands. Elle regrette de ne pouvoir lui donner que le rappel de la médaille qu'il a remportée au concours régional de St-Lo, et elle appelle l'attention des cultivateurs sur les préparations que M. Mosselman leur présente comme moyen d'exportation.

» M. Poutrel, propriétaire à Bavent (Calvados), a bien mérité de la Société en présentant une magnifique toison de moutons Dishley. Elle lui décerne une médaille d'argent.

» M. Levesque, cultivateur à Saint-Georges, a exposé des instruments, des tuiles et des briques. La Société, désirant encourager et reconnaître les efforts de ce cultivateur, lui décerne une médaille de bronze.

» M. Bidard, tanneur à Domfront, a exposé un cuir de Hongrie, que la Société a trouvé bon et bien préparé. Elle lui décerne une médaille de bronze.

» M. Paynel a exposé des fromages faits par lui, d'après un procédé amélioré. La Société regrette de ne pouvoir lui décerner qu'un rappel de la médaille qu'il a déjà reçue à Argentan, et, à cette occasion, elle appelle l'attention des cultivateurs sur l'intérêt qu'ils auraient peut-être à se livrer à l'industrie des fromages.

» M. Chapelain vous a présenté un pressoir perfectionné ; il y a joint de nombreux certificats des personnes auxquelles il en a vendu, attestant son utilité et la facilité de son emploi. La Société lui donne un rappel de la médaille qu'il a obtenue à Bernay, en 1848.

» M. Dumaine, fabricant de papiers, a exposé quatre rouleaux de papier. La Société lui décerne une mention honorable.

» M. Joseph Geslin vous a présenté des pièges à taupes, accompagnés de nombreux certificats.—Mention honorable.

» Enfin, Messieurs, nous signalons à votre attention les fourneaux potagers de M. Bertout ; les sabots de M. Petit, sabotier à Briouze ; le moulin à bras de M. Jean-Baptiste Thierry.

» La Société a regretté de ne pouvoir faire fonctionner la charrue à avant-train des usines de Bourbe-Rouge.

» Elle remercie M. de Maisons de nous avoir présenté ses instruments de drainage, qu'elle espère et désire voir fonctionner dans toutes les localités où le drainage est utile.

» Tout en félicitant M. Lenormand de la bonne confection et de la solidité de ses tuyaux de drainage, elle espère qu'il pourra les établir à un prix réduit.

» Le Comice de Putange nous a envoyé des tuyaux de drainage ; la Société lui vote des remercîments. »

M. Chesneau, rapporteur de la Commission d'horticulture, s'exprime ainsi :

« Messieurs,

» L'horticulture, cette branche importante de l'agriculture, ne saurait être trop encouragée dans les campagnes ; car, outre le délassement qu'elle procure au rude travail des champs, elle a également pour mission de fournir l'alimentation de la famille, et souvent même d'être la source d'un revenu qui, habilement exploité, ne laisserait pas que d'être fort important.

» Aussi, Messieurs, vous l'avez bien compris en autorisant votre Commission à décerner quelques récompenses aux horticulteurs, marchands ou amateurs qui lui en auraient paru dignes, soit par une belle exposition, une bonne culture ou des arbres bien conduits. Nous allons avoir l'honneur de proclamer devant vous les noms des plus méritants :

Visite dans les jardins.

» Dans votre visite à la ferme-école, tous vous avez pu voir et admirer les différentes cultures de M. Evrard, jardinier en chef de l'établissement. Le potager renferme un grand nombre de légumes de toute sorte, tels qu'asperges, choux, artichauts, &c. ; des primeurs, salades, romaines, fraises, haricots, flageolet, carottes de Hollande, &c. Nous avons même remarqué avec plaisir 29 panneaux de châssis pour melons ; 15 de ces fruits avaient déjà été livrés à la consommation. En outre, 251 pieds d'arbres sont plantés de l'année dernière, tant en espalier qu'en plein vent : ce sont des pêchers, pruniers, abricotiers, cerisiers, poiriers, &c., en bonnes variétés. Nous avons cependant regretté de ne pas y voir assez de fruits d'hiver ; ce sont pourtant les plus précieux. Les vignes sont toutes en chasselas de Fontainebleau, tandis que nous avons d'excellentes variétés qui mûrissent parfaitement sous notre climat, et dont la qualité est excellente dans les terres froides. Nous prendrons même occasion de cela pour les recommander dans cette partie de la Normandie, où elles paraissent complètement inconnues. Ce sont surtout : le chasselas de Rouen, le chasselas rose et la vigne d'Ischia, ou vigne à trois récoltes. — M. Evrard donne encore ses soins à une vaste pépinière, qui est fort bien entretenue. Seulement les sujets sont trop jeunes pour que nous ayons eu à nous prononcer. Une fort belle serre a également fixé notre attention ; nous aurons à vous entretenir de ses produits en parlant de l'exposition. En somme, vous le voyez, Messieurs, M. Evrard est un cultivateur zélé et intelligent ; il a l'amour de son état, le désir du progrès. Aussi l'Association normande est-elle heureuse de le proposer pour modèle aux jardiniers de Domfront, et de lui décerner une grande médaille d'argent.

» Nous avons ensuite visité le jardin maraîcher de M. Madrid fils. Ce qui a tout d'abord attiré nos regards, ce sont 18 panneaux de melons dans un bon état d'avancement ; chose d'autant plus méritoire, que le temps a été très-contraire à cette culture. 22 pieds de tomates étaient aussi très-avancés ; les autres légumes étaient convenablement entretenus. — L'Association normande, prenant surtout en considération la culture des melons, qui est nouvelle dans le pays et qui est fort à encourager, décerne à M. Madrid fils une médaille de bronze.

» Des mentions honorables sont accordées, pour bonne tenue des jardins, à M. Madrid père, jardinier à Domfront, et à M. Jean Durand, jardinier chez Mme Lamartinière.

Exposition.

» Nous avons maintenant, Messieurs, à vous dire quelques mots de l'exposition ; je dis quelques mots : c'est qu'en effet il y a peu de choses et surtout de bonnes choses à signaler. Cependant une exposition est tout-à-fait hors ligne : c'est celle de M. Louvel. Tout le monde a pu remarquer la belle collection de *pélargonium*, de *fuchsias*, de *glaïeuls*, de *pétunias* et d'autres fleurs, dont beaucoup sont des semis de M. Evrard. La beauté des fleurs, leur vigueur, attestent la connaissance et un profond amour de la floriculture. Aussi l'Association est-elle heureuse de donner à M. Louvel une médaille de bronze, grand module, et des remercîments à son jardinier, déjà récompensé.

» M. Massé, horticulteur-marchand à la Ferté-Macé, a exposé quelques bonnes plantes, surtout dans les conifères. Nous avons surtout examiné un *abies pectinata*, de 1 m. 80 c. de haut environ. M. Massé cultive, dans un but fort utile, le reboisement des terrains de mauvaise qualité. Nous sommes heureux de lui témoigner toute notre satisfaction en lui décernant une médaille de bronze.

» M. Jean Durand, dont nous avons déjà parlé, a envoyé un bel oranger Pompadour, élevé par lui et orné de trois fruits d'une grosseur remarquable ; quelques *pensées* et une très-belle corbeille de roses, dont plusieurs sont nouvelles. L'Association lui accorde une mention honorable.

» Tel est, Messieurs, le résultat des recherches de la Commission. Elle a vu avec regret que l'horticulture était fort en retard dans cet arrondissement. L'arboriculture surtout est à l'état d'enfance ; les arbres sont taillés sans méthode. On se contente, à l'hiver, de couper les branches que l'on croit inutiles ; à l'été, on fait un abatis de feuilles considérable. L'ébourgeonnement, le pincement, la torsion sont totalement ignorés ; les formes sont nulles ; la confusion la plus grande règne dans la charpente ; en un mot, tout est fait au hasard et sans raisonnement. Un seul fait exception à cet état d'ignorance : c'est M. Evrard, jardinier en chef de la ferme-école. Nous ne pouvons qu'engager MM. les cultivateurs et amateurs à profiter de ses conseils, et nous espérons, dans notre prochaine visite à Domfront, voir un progrès accompli dans un art si utile au bonheur de tous. »

Sur la proposition du directeur et des inspecteurs de l'Association :

Un grand vase Médicis, en porcelaine de Sèvres, a été décerné à MM. Louvel frères pour l'excellente direction donnée à leur exploitation agricole du Sault-Gauthier.

Un second lot de porcelaines de Sèvres a été offert à M. Morière, dont les conférences agricoles dans le Calvados ont déjà produit d'excellents résultats.

M. de Vigneral, inspecteur divisionnaire de l'Orne, résume ainsi les travaux de l'Association pendant la session de 1852 :

« Messieurs,

» Dans quelques moments la session générale annuelle de l'Association normande sera close ; permettez-moi de vous en entretenir encore quelques instants, et de vous adresser quelques mots de remercîments et d'adieux.

» Chargé par l'Association normande de préparer cette session, je vais brièvement en résumer les intéressants travaux ; non pour vous, Messieurs, qui, depuis l'ouverture du Congrès, nous prêtez un concours aussi cordial qu'éclairé, mais pour cette immense assemblée, je dirais presque pour cet arrondissement tout entier, qui vient s'assurer par lui-même si l'Association normande est toujours fidèle à la pensée de dévoûment, d'intelligence et de progrès, qui lui donna naissance il y a vingt ans.

» Depuis vingt ans, Messieurs, l'Association normande n'a pas ralenti son patriotisme; car son fondateur, ce savant aussi grand par le cœur que par la science, M. de Caumont, est là au milieu de nous.

» Malgré les tourmentes qui ont agité le sein de la patrie, l'Association normande a constamment grandi et prospéré, parce que tous les hommes ardents et généreux, tous les hommes sincèrement chrétiens ont trouvé chez elle un terrain neutre et riche d'avenir, parce que la puissance de l'Association n'a jamais été entre nos mains qu'un instrument de richesses et de moralisation.

» Oui, Messieurs, selon l'expression que j'emprunte avec bonheur au premier magistrat de l'une de nos cités, dont l'hospitalière réception est justement célèbre dans nos annales, l'Association normande ne laissera aussi dans ces lieux, pour trace de son passage, que de l'or, des fleurs et des épis.

» L'industrie et l'agriculture ont reçu, dans cette session, des enseignements et des récompenses.

» L'industrie, dans les villes de Flers, de la Ferté-Macé, de Tinchebray, dans les bourgs de Chanu et d'Athis, a atteint, depuis plusieurs années, une perfection et un développement qui attestent à la fois l'habileté de l'ouvrier et l'esprit commercial des habitants.

» L'exposition industrielle que nous avons admirée se composait des produits les plus variés. Vous jugerez de leur nombre et de leur mérite, lorsque vous saurez que l'on a décerné aux exposants vingt médailles d'argent, vingt-quatre médailles de bronze, vingt-quatre mentions honorables, et c'est avec un profond regret que l'Association n'a pu en accorder un plus grand nombre.

» Je voudrais pouvoir analyser les intéressantes recherches de nos honorables collègues de l'Association sur les villes de cet arrondissement. Mais, vous le savez, Messieurs, il y a des fleurs dont le parfum s'évanouit à un toucher indiscret.

» Je dirai seulement que la fabrication surtout est restreinte à cette variété d'articles utiles aux grandes masses, et dont l'écoulement défie les plus mauvais jours.

» Nous emportons un bon souvenir de nos villes manufacturières, villes renaissantes et animées qui se regardent avec joie dans leur fortune nouvelle et parlent avec confiance de leur avenir.

» Souvent, Messieurs, à côté du riche tableau que nous présentent, au point de vue de l'industrie, les grands centres manufacturiers, nous déplorons le malheureux sort de ces populations qui, pour se soustraire à la douleur héréditaire de l'indigence, vont chercher la vie dans les entrailles de la terre, ou nous gémissons en voyant la plus déplorable démoralisation étouffer les saintes traditions de la famille et de la religion.

» Ici, c'est le soleil qui éclaire et réjouit nos légions travailleuses. Visitez leurs granitiques chaumières, écoutez ces voix lointaines que vous apporte la brise du soir, écoutez ces chants qui saluent une nouvelle aurore, et vous direz avec nous : Ici on peut frapper à toutes les portes ; ici on peut interroger tous les cœurs.

» Nous trouvons dans toutes les familles l'aisance et la paix ; nous trouvons partout, joint au bien-être que procure la rétribution du travail, le bien-être plus certain encore que l'esprit religieux répand sur les familles. Honneur à vous, pères laborieux! honneur à vous, mères chrétiennes, qui élevez vos enfants dans l'amour du travail et la foi religieuse de vos pères!

» L'enquête agricole que nous venons de terminer nous a permis de recueillir des renseignements précis sur la nature et la fertilité du sol, sur la quantité et la variété de ses produits; elle nous a permis d'apprécier les assolements en usage, d'étudier les causes du progrès de l'agriculture depuis quelques années, de reconnaître et d'indiquer les moyens de hâter leur lenteur.

» L'aspect du pays et la nature du sol nous disent quel devait être l'état des chemins avant l'ouverture des routes nombreuses qui rendent les communications promptes et économiques. L'exportation des produits, l'arrivage à prix modéré des amendements et des engrais du commerce ont favorisé ici, même plus qu'ailleurs, le progrès agricole.

» C'est aussi parmi les populations laborieuses et souffrantes, qui ont été longtemps privées de rapports avec les pays plus avancés, que l'on trouve une heureuse disposition à accepter les améliorations qui leur sont présentées.

» Cette opinion est confirmée par un fait que nous a révélé l'enquête.

» Nous avons appris que, depuis l'ouverture de la ferme-école du Sault-Gauthier, tous les jours fériés, une foule de cultivateurs, d'ouvriers, venaient visiter cet établissement.

» L'affluence des visiteurs est la même aujourd'hui qu'il y a quinze mois. Que devons-nous conclure de ce fait, sinon que nous devons applaudir à l'organisation de l'enseignement agricole du ministre praticien Tourret;

» Que l'on comprend aujourd'hui que, pour être agriculteur, il ne suffit plus de savoir manier une pioche ou tracer un sillon, qu'il faut le concours de la science pour rendre fructueuse l'exploitation du sol ;

» Que la parfaite tenue de la ferme-école et les innovations justifiées par d'heureux résultats intéressent les cultivateurs, ébranlent les plus routiniers ? — Cet empressement est la juste récompense de la confiance que MM. Louvel savent mériter aussi bien par leurs sacrifices que par leur intelligence.

» L'Association normande a déjà exprimé à MM. Louvel combien elle a été heureuse de trouver dans leur établissement le véritable type de la ferme-école.

» Que ne pouvons-nous dire que la plupart des exploitations de l'arrondissement sont dirigées avec la même entente !

» Le sol arable est difficile à cultiver, mais il n'est pas généralement mauvais ; il est même suffisamment fertile ; la production peut être variée et abondante. Mais, pour atteindre ce résultat, vous modifierez vos assolements, vous préparerez avec soin vos fumiers, vous assainirez et vous irriguerez vos prairies, etc., etc.

» L'agriculture s'enseigne par la parole et, par-dessus tout, par l'exemple. Vous irez comme nous visiter la ferme-école, et vous y trouverez de bons exemples; car tout ce que la science a enseigné y est mis en pratique. Suivez-nous un instant dans l'exposé rapide et très-imparfait que nous allons vous présenter.

» Il y a peu d'années, le terrain sur lequel on a bâti était couvert de bois et de bruyères.

» M. le ministre de l'agriculture autorise, le 30 septembre 1850, la création d'une ferme-école sur le domaine du Sault-Gauthier, et, le 1er mars 1851, la ferme-école est ouverte.

» En peu de mois, on a élevé ces nombreux bâtiments dont la régulière et intelligente distribution rend tous les services faciles.

» Les appartements réservés aux élèves sont vastes, aérés et tenus avec une coquette simplicité.

» Le nombre des élèves est fixé par M. le ministre, et nous regrettons que l'étendue de l'exploitation ne permette pas à MM. les directeurs d'ouvrir leur paternelle demeure à un plus grand nombre de jeunes gens. Nous le regrettons d'autant plus vivement, que voici en quels termes M. le directeur nous en a parlé :

« Ils ont tous l'amour du travail; l'exactitude est leur » devise. Depuis leur arrivée à l'établissement, je n'ai que » des félicitations à leur adresser sur leur conduite et leur » bon vouloir. »

» Vous ne démentirez pas cet éloge, jeunes élèves ; nous vous le demandons au nom de l'Association normande.

» Je ne sais ce que je dois le plus louer de la tenue des étables, de la perfection des instruments aratoires, des soins donnés à la préparation et à la conservation des fumiers, ou des travaux de desséchement et d'irrigation qui ont été exécutés. Le temps me manque pour tout vous dire, et je ne veux rien retrancher. Je vous repète encore : Allez au Sault-Gauthier, et vous verrez toutes les difficultés que l'on a surmontées, toutes les espérances que l'on peut concevoir, lorsque l'on a pris pour devise, comme les directeurs de la ferme : *Labor improbus omnia vincit.*

» Pour être agriculteur, il faut du courage. La vie de l'agriculteur est rude; son travail n'est pas toujours récompensé. Mais aussi, Messieurs, l'agriculteur ne relève que de Dieu; il n'a que Dieu à invoquer, car lui seul fait germer la semence jetée dans le sillon. On n'a point encore décrété l'abondance ; et c'est quelque chose, au milieu du choc et du chaos de ces grandeurs qui tourbillonnent et s'écroulent, de retrouver chaque matin son soleil, sa charrue et ses champs.

» Heureux qui cultive de ses mains ses champs héréditaires, disait un Romain du grand siècle d'Auguste, qui préférait aux magnificences de la ville éternelle la solitude de Tivoli ou l'indolence de Tarente.

» Nous aussi, nous vous disons : Courageux habitants de ces agrestes campagnes, oh ! gardez près de vous vos fils et vos filles; la grande œuvre de l'enseignement du travail des champs est commencée, vos terres ne resteront plus sans moissons ni vos travaux sans salaire.

» Ecoutez-nous, écoutez l'Association normande qui vient ici pour ouvrir la voie à toutes les améliorations pratiques, gages d'ordre et de paix; écoutez, lorsqu'elle vous crie : Oh ! gardez près de vous vos fils et vos filles ; qu'ils soient comme vous cultivateurs et chrétiens.

» Monsieur le maire, Messieurs les membres du Conseil municipal, vous tous, Messieurs, habitants de cette ville et de l'arrondissement, vous avez accueilli l'Association normande avec une solennité dont nous sommes profondément émus, car nous la considérons comme le témoignage de la sympathie qu'elle vous avait inspiré; nous l'acceptons comme un heureux présage de la prospérité de cet arrondissement. »

Ce discours a été plusieurs fois interrompu par les applaudissements unanimes de l'Assemblée.

M. le sous-préfet prend à son tour la parole, et prononce le discours suivant :

« Messieurs,

» Il a fallu un empêchement bien grave pour priver M. le préfet de venir présider cette imposante réunion, dont il devait encore relever l'éclat ; il m'a chargé de vous en exprimer ses plus vifs regrets. Moi seul peut-être, Messieurs, ne me plaindrai pas de son absence, parce qu'elle m'a permis d'être plus directement en rapport avec les hommes honorables venus parmi nous pour prendre en main les intérêts de l'agriculture locale, comme, depuis longues années, ils ont pris sous leur protection toutes les industries de la Normandie.

» Mon premier soin, en quittant la présidence de cette solennelle réunion, sera de vous remercier d'être venus dans cet arrondissement pour remplir une mission toute de dévoûment et de philautropie. Hommes d'élite de notre territoire normand, vous avez droit depuis longtemps à la reconnaissance publique, car les noms de plusieurs d'entre vous se lient, désormais, aux dernières expressions de la science agricole. D'ailleurs, Messieurs, oublieux de vos propres intérêts, laissant de côté les soins du chef de maison, les préoccupations du père de famille, nous savons tous ce qu'il faut de démarches, de pérégrinations, de sacrifices de toute nature, pour créer, chaque année, sur un point de nos départements, ces laborieuses réunions de la nature de celle dont nous venons d'être témoins.

» Que grâces vous soient rendues, Messieurs ; car, sans votre fervente impulsion, nous n'aurions pas joui aujourd'hui de cette lutte pacifique où tous les yeux ont pu juger des améliorations considérables en tout genre que l'art agricole a développées depuis quelque temps dans nos campagnes.

» L'influence que ces résultats exercent sur le bien-être et le bonheur publics est immense. Ces médailles, ces récompenses, qui deviennent des titres pour les familles, ces mentions honorables portées au grand jour de la publicité, qui jettent un reflet glorieux sur ces modestes cultivateurs, les attacheront davantage à leur pénible industrie. Faites aimer par votre prévoyance et vos sages encouragements les travaux des champs aux enfants des campagnes, vous aurez tout fait pour leur bonheur, en leur préparant un heureux avenir ; et comme, dans la prospérité de l'agriculture, vient se fondre intimement celle de la France entière, vous aurez donné une solution à ce problème, le plus difficile de l'économie politique, si vous parvenez à annihiler cette migration des populations rurales se précipitant sur l'industrie des villes, où elles apportent, avec une surabondance de force, cette concurrence déplorable qui étreint toutes les professions au détriment de la culture, et donne le jour, dans les grands centres de populations, à tant d'éléments de désordre et de mauvaises passions.

» L'homme des champs, toujours en présence des beautés de la nature, dont il voit naître, à chaque pas, les merveilles, respecte, en général, la loi et l'autorité comme émanant du Maître de toutes choses. L'artisan des villes, n'ayant sous les yeux, dans les mains, que des prodiges de l'industrie, croit moins à sa faiblesse, et subit difficilement les règles de la morale et les lois de la société qui gênent ses penchants.

» Espérons, Messieurs, que ces questions deviendront de jour en jour d'une solution plus facile ; et, déjà, depuis que le prince-président a pris en main les destinées de la France, par une de ces inspirations qui tiennent du génie, il est permis de penser que l'ère de calme et de sécurité qui règne partout, apportant l'espérance à tous les intérêts, rendra à l'industrie agricole la faveur dont elle jouissait depuis longtemps, et lui fera oublier les souffrances de ces dernières années.

» Le Gouvernement, libre de toute préoccupation des luttes parlementaires qui absorbaient tous ses instants, pourra se livrer désormais à l'étude des questions les plus ardues de l'agriculture, qui n'arrivaient, autrefois, à son esprit qu'à travers mille obstacles ; il recherchera les besoins des populations rurales, et soumettra à l'étude ces théories savantes qui n'ont plus besoin que de la sanction de l'expérience pour être acceptées comme dogme de la science agricole.

» Le prince Louis-Napoléon nous a déjà donné la preuve de sa vive sollicitude pour de si précieux intérêts : la conversion des rentes a rapproché la distance qui existait entre l'intérêt du capital et le revenu du sol ; le décret sur le crédit foncier va aplanir à la propriété les difficultés des emprunts coûteux, et, enfin, un décret récent prescrit d'organiser la représentation de l'agriculture. C'est surtout à des hommes de votre valeur, Messieurs, que ces dispositions bienfaisantes font appel, vous dont tous les instincts sont dirigés vers la recherche du bien de vos semblables. Vous aurez à seconder, dans votre large sphère d'action, les vues prévoyantes de l'autorité. Aujourd'hui, vous avez rempli une tâche difficile, délicate, pour fixer votre choix sur tant d'objets divers qui se sont disputé votre attention et ont réclamé vos préférences. Il a fallu votre expérience de ces sortes de luttes et votre entière intégrité pour donner à vos jugements cette sûreté de décision, cette empreinte de justice qui vous ont mérité, j'en suis certain, les suffrages et les sympathies de l'opinion publique.

» Vous allez quitter cet arrondissement, Messieurs, emportant la reconnaissance de ces habitants, comme l'administration municipale, avec ses faibles ressources, conservera le regret de n'avoir pu donner à votre réception, dans ces murs, toute la pompe que méritaient votre noble mission et votre admirable désintéressement. Nous reconnaîtrons que l'existence serait trop heureuse si elle se passait ainsi au milieu de relations aussi douces, aussi honorables pour nous, et nous espérons que leur souvenir et celui de votre séjour dans cette ville adouciront l'amertume de votre prompt départ. »

Le canon s'est fait entendre avant et après la cérémonie. La musique militaire a salué les différents lauréats de ses joyeuses fanfares.

Le programme de la fête annonçait une ascension aérostatique; mais le vent terrible qui n'avait cessé de souffler pendant toute la journée, ne permit pas à M. Godard d'exécuter cette ascension, qui eut lieu le lundi avec tout le succès désirable.

A six heures, un magnifique banquet réunissait plus de 200 convives à l'hôtel-de-ville, parmi lesquels les étrangers étaient l'objet particulier de la sollicitude et des attentions des commissaires de la fête.

Au dessert, plusieurs toasts furent portés dans l'ordre suivant :

A M. Pellier de La Roirie ! par M. Christophle, maire de Domfront :

« Permettez-moi, Messieurs, de porter une santé qui doit être bien chère à tous les Domfrontais : c'est celle de M. Pellier de La Roirie, de ce noble et généreux concitoyen dont l'immense bienfait pour sa ville natale fut encore doublé par son opportunité.

» Notre reconnaissance, inscrite au frontispice de ce monument, sera transmise par nous d'âge en âge.

» Hommage à notre bienfaiteur !

» Honneur à M. Pellier de La Roirie !! »

Après ce toast, M. le sous-préfet, d'une voix énergique et accentuée, en a porté un au *Prince-Président*. Ce toast a été couvert d'applaudissements.

M. Lemaître, président du tribunal, s'est exprimé ainsi :

« *A l'Association normande ! A son honorable et savant directeur !*

» Aux philantropes dévoués et courageux, dont la noble mission est de contribuer, par leurs efforts éclairés et persévérants, aux progrès de l'agriculture, cette source pure et féconde de la richesse publique ! A l'amélioration des populations agricoles et industrielles ! à leur bien-être moral et matériel !

» Aux savants généreux et désintéressés qui sont venus, de tous les points de notre belle province, planter leur tente au milieu de nous, apporter à nos laborieux cultivateurs le fruit de leurs études, de leur expérience, et déposer dans leur esprit le germe d'idées fécondes et moralisatrices.

» Graces leur soient rendues ! Puissent nos agriculteurs, profitant de leurs conseils et de leurs instructions, briser les liens qui les attachent encore aux méthodes routinières et onéreuses, et s'engager avec hardiesse dans la voie plus lucrative de l'amélioration et du progrès !

» *A l'Association normande ! A M. de Caumont !* »

Ce toast, porté de la manière la plus chaleureuse, a été accueilli avec un véritable enthousiasme.

Divers autres toasts ont été portés :

A M. le maire de Domfront ! par M. de Caumont ;

A la ville de Domfront ! par M. de Vigneral ;

Au général Rémond, illustration militaire du pays ! par M. Morière ;

A M. le sous-préfet ! par M. Mabire ;

Aux commissaires de la fête ! par M. de Pontgibaud ;

Aux lauréats ! par M. Vavasseur.

Des regrets publics ont été exprimés sur l'absence de MM. le comte Lemercier, sénateur ; le marquis de Torcy et Roulleaux du Gage, députés au Corps législatif, que leurs fonctions et leurs devoirs publics ont forcément retenus à Paris.

Après le banquet, une quête, faite par Mme Christophle, accompagnée de M. Lemaître, président du tribunal civil, a produit 170 francs, qui ont été distribués le lendemain aux pauvres, avec les reliefs du banquet et 150 kilog. de pain. Les pauvres, eux aussi, ont eu leur fête et leur banquet.

La journée s'est terminée par un feu d'artifice, qui a dépassé toutes les espérances.

Le lendemain, les membres de l'Association quittaient Domfront. Ils se rappelleront toujours l'accueil sympathique qu'ils ont reçu dans cette ville, et seront bienheureux si, en revenant la visiter dans quelques années, ils reconnaissent que quelques-unes des idées qu'ils ont semées ont fructifié, que leurs conseils ont été suivis, et, surtout, qu'il en est résulté une plus grande somme de bien-être pour la population agricole du pays.

Le Secrétaire général,

J. MORIÈRE.

(Extrait de l'Annuaire normand pour 1853).

Caen — Imp. de DELOS, cour de la Monnaie.

www.ingramcontent.com/pod-product-compliance
Ingram Content Group UK Ltd.
Pitfield, Milton Keynes, MK11 3LW, UK
UKHW020120200726
13856UKWH00002B/640

9 782011 340214